AF727147

Verpackungsprüfung

Jetzt diesen Titel zusätzlich als E-Book downloaden und 70 % sparen!

Als Käufer dieses Buchtitels haben Sie Anspruch auf ein besonderes Kombi-Angebot: Sie können den Titel zusätzlich zum Ihnen vorliegenden gedruckten Exemplar für nur 30 % des Normalpreises als E-Book beziehen.

Der BESONDERE VORTEIL: Im E-Book recherchieren Sie in Sekundenschnelle die gewünschten Themen und Textpassagen. Denn die E-Book-Variante ist mit einer komfortablen Volltextsuche ausgestattet!

Deshalb: Zögern Sie nicht. Laden Sie sich am besten gleich Ihre persönliche E-Book-Ausgabe dieses Titels herunter.

In 3 einfachen Schritten zum E-Book:

1. Rufen Sie die Website **www.beuth.de/e-book** auf.
2. Geben Sie hier Ihren persönlichen, nur einmal verwendbaren E-Book-Code ein:

   30770A381602254

3. Klicken Sie das „Download-Feld“ an und gehen dann weiter zum Warenkorb. Führen Sie den normalen Bestellprozess aus.

Hinweis: Der E-Book-Code wurde individuell für Sie als Erwerber dieses Buches erzeugt und darf nicht an Dritte weitergegeben werden. Mit Zurückziehung dieses Buches wird auch der damit verbundene E-Book-Code für den Download ungültig.

Verpackungsprüfung

DIN

Eugen Herzau
Monika Kaßmann
Frank Volkmann

Verpackungsprüfung

Verpackungen und Ladeeinheiten richtig prüfen

2., aktualisierte und erweiterte Auflage 2021

Herausgeber:
DIN Deutsches Institut für Normung e. V.

Beuth Verlag GmbH · Berlin · Wien · Zürich

Herausgeber: DIN Deutsches Institut für Normung e. V.

© 2021 Beuth Verlag GmbH
Berlin · Wien · Zürich
Am DIN-Platz
Burggrafenstraße 6
10787 Berlin

Telefon: +49 30 2601-0
Telefax: +49 30 2601-1260
Internet: www.beuth.de
E-Mail: kundenservice@beuth.de

Satz: Beuth Verlag GmbH, Berlin

Druck: Plump Druck & Medien GmbH, Rheinbreitbach

Gedruckt auf säurefreiem, alterungsbeständigem Papier nach DIN EN ISO 9706

ISBN 978-3-410-30770-9
ISBN (E-Book) 978-3-410-30771-6

Autorenporträts

Dr. Monika Kaßmann arbeitete nach dem Studium an der Universität Leipzig im Institut für Verpackung Dresden und absolvierte ein Zusatzstudium Verpackungstechnik. Von 1992 bis 2002 war sie als wissenschaftliche Mitarbeiterin an den Professuren Verarbeitungsmaschinen/Verarbeitungstechnik sowie Distributionstechnik der TU Dresden tätig. Danach wechselte sie zum Ingenieurbüro Verpackung Dresden und ist seit 2005 freiberuflich tätig. Schwerpunkte ihrer Lehr- und Forschungstätigkeit waren die Grundlagen der Verpackung, Gefahrgutverpackung, Entsorgung und Recycling von Verpackungen sowie Schadensanalysen. Sie engagiert sich in zahlreichen Gremien, u. a. im DIN-Normenausschuss „Verpackungswesen" (NAVp 115), im Vorstand des dvi, im bdvi, in der WGFV sowie der WGGT.

Kontakt: mkassmann@gmx.de

Prof. Dr. Eugen Herzau studierte an der Technischen Hochschule Leipzig und schloss das Studium als Dipl. Ing. für Automatisierungsanlagen ab. Anschließend promovierte er zum Thema Wissensbasierte Technologiebestimmung. Von 1991 bis 1992 war er als Technologieberater im Architekturbüro Glatzel & Buff Berlin tätig. Seit 1992 ist er Professor für Verpackungstechnologie an der Hochschule für Technik, Wirtschaft und Kultur Leipzig und Studiendekan des Studienganges Verpackungstechnik. Schwerpunkte seiner Lehr- und Forschungstätigkeit sind die Herstellungsverfahren von Verpackungen sowie die Verpackungsprüfung. Er engagiert sich in zahlreichen Gremien, u. a. als Vorsitzender der WGFV, im Vorstand des bdvi, im Präsidium der DFTA, im dvi sowie als Gutachter der AIF.

Kontakt: eugen.herzau@htwk-leipzig.de

Dipl.-Ing. Frank Volkmann studierte Verkehrsingenieurwesen an der TU Dresden und schloss dieses Studium im Jahr 2003 mit seiner Diplomarbeit auf dem Gebiet der Verpackungsprüfung durch Simulation von Versandbelastungen ab. Danach arbeitete er am Institut für BFSV an der Hochschule für Angewandte Wissenschaften in Hamburg. Schwerpunkte seiner Forschungstätigkeit war bisher die Verhütung von Transportschäden. Er leitete außerdem zahlreiche Industrieprojekte auf dem Gebiet der Verpackungsprüfung für die BFSV Verpackungsinstitut Hamburg GmbH und engagierte sich u.a. im Arbeitsausschuss „Anforderungen und Prüfung“ (NAVp 115-01-04 AA) des DIN.

Kontakt: frankvolkmann@web.de

Vorwort

Die infolge der weiter fortschreitenden Globalisierung der Märkte entstandene neue Dimension des Warenumschlags erfordert von allen Beteiligten ein hohes Maß an logistischer Kompetenz. Gegenwärtig steigt das Welthandelsvolumen trotz gewisser krisenbedingter Einschränkungen etwa doppelt so schnell wie das Bruttoinlandsprodukt der Industrienationen. Zugleich steigen die bei den Versicherern verzeichneten Warenschäden Jahr für Jahr an, wobei mehr als die Hälfte davon durch optimale Verpackungs- und Versandbedingungen vermieden werden könnten. Gravierend sind neben den hohen finanziellen Belastungen, die durch Schadensfälle entstehen, die Imageverluste, die das betroffene Unternehmen nachhaltig beeinträchtigen können.

Um den logistischen Auftrag, die Waren in der erforderlichen Menge und im erwünschten qualitativen Zustand zur richtigen Zeit am richtigen Ort bereitstellen zu können, bedarf es bei allen Partnern – von den Produkt-Herstellern und -Verpackern bis zu den Dienstleistern und den Verkehrsträgern – der Kenntnis wesentlicher technischer und organisatorischer Zusammenhänge und Bedingungen sowie einer noch effektiveren Abstimmung untereinander. Ein wichtiger Problemkreis ist dabei die optimale Auswahl der Verpackungen und die Überprüfung ihrer Eignung im jeweiligen Anwendungsfall, denn der Verpackung fällt die Aufgabe zu, schädigende Beanspruchungen vom Gut möglichst fernzuhalten.

Die Verpackungswirtschaft hat in unserem Land ein hohes Niveau. Kritiker bemängeln häufig die Menge der eingesetzten Verpackungen, obwohl sie am nominalen Bruttosozialprodukt weniger als vier Prozent Anteil haben und ihre Kosten durchschnittlich etwa zwei Prozent des Warenwertes betragen, den sie aber zu 100 Prozent schützen sollen. Außer der Schutzwirkung beeinflusst die Verpackung auch wesentlich das Handling der Ware und erfüllt Informations- und Marketingfunktionen. Doch nicht immer sind die angewendeten Verpackungen und die Maßnahmen zur Sicherung von Ladeeinheiten und Ladungen zweckmäßig und nachhaltig.

Wesentliche Voraussetzungen für die bewusste Auswahl der einzusetzenden Packstoffe und die optimale Gestaltung der Packmittel und Packhilfsmittel sind die Kenntnis der chemisch-physikalischen Eigenschaften des Gutes und dessen Schwachstellen sowie die in der logistischen Kette normalerweise auftretenden Bedingungen. Letztere stellen sich als verschiedene mechanisch-physikalische, chemische und biotische Belastungen dar, die nur teilweise vermeidbar sind. Sie müssen deshalb durch entsprechende Maßnahmen vom Gut so weit wie möglich ferngehalten werden, wobei Kosten- und Umweltschutzgründe zu berücksichtigen sind.

Zu den Präventionsmöglichkeiten für Schadensfälle zählen neben dem Testversand und der Anwendung von elektronischer Überwachungstechnik vor allem Laborprüfungen. Die vorliegende grundlegende Überarbeitung der 1. Auflage zur Verpackungsprüfung von 2010 verfolgt das Ziel, dem Praktiker ebenso wie Lehrenden, Lernenden und anderen Fachkräften als aktualisierte, übersichtlich und verständlich gestaltete Handlungsanleitung für die Auswahl von Packstoffen, Packmitteln bis hin zur Gestaltung von Ladeeinheiten und Ladungen zu dienen und so zur Qualitätssicherung und der weiteren Niveauverbesserung in der Verpackungs- und Versandpraxis beizutragen.

Ein Schwerpunkt ist dabei die Wissensvermittlung über die Anwendung physikalischer, chemischer, mikrobiologischer, sensorischer und psychologischer Prüfverfahren nach festgelegten Methoden, die zum überwiegenden Teil national und international als Prüfvorschriften genormt sind und der Ermittlung von spezifischen, reproduzierbaren Eigenschaften der zu prüfenden Materialien dienen. Sie sind sowohl bei der Entwicklung neuer Verpackungen hilfreich, um deren Eignung für die jeweilige Verpackungsaufgabe zu überprüfen, als auch zur Qualitätskontrolle der bereits in der Produktion befindlichen Packstoffe, -mittel und -hilfsmittel einschließlich wiederholt genutzter Mehrwegverpackungen. Ein wichtiger Aspekt der Schadensprävention ist vor allem die Prüfung von Transportverpackungen auf ihre Widerstandsfähigkeit gegenüber den zu erwartenden normalen mechanischen und klimatischen Belastungen in der Logistikkette. Außerdem wurden die bisherigen Instrumentarien aus Normen und Methoden durch die für die Abbildung des Standes der Technik in der Versandpraxis wichtigen VDI-Richtlinien und DIN-Normen zur Gestaltung von Ladeeinheiten und Ladungen ergänzt.

Wir danken Frau Kathrin Bandow vom Lektorat des Beuth Verlags für ihre Begleitung und die hilfreichen Anregungen bei der Fertigstellung des Buches.

Dresden, im August 2021

Eugen Herzau

Monika Kaßmann

Frank Volkmann

Inhaltsverzeichnis

1 Packstoffprüfung

Eugen Herzau

1.1 Papier, Karton, Vollpappe und Wellpappe

1.1.1 Probennahme und Probenvorbereitung zur Packstoffprüfung

Die Probennahme und Probenvorbereitung sind in Form von Standardisierungen bzw. Normen geregelt. Für Papier, Karton und Pappe (im folgenden PKP genannt) kommt für die Probennahme die DIN EN ISO 186 zur Anwendung. In dieser Norm ist festgelegt, wie aus einer Lieferung eine Durchschnittsprobe für Prüfzwecke zu entnehmen ist.

Die Proben werden je nach Prüfverfahren mit geeigneten Hilfsmitteln zugeschnitten und vor der Prüfung klimatisiert. Wegen des hygroskopischen Verhaltens von PKP und der Veränderungen der Festigkeitseigenschaften in Abhängigkeit von den klimatischen Lagerbedingungen besteht die Notwendigkeit der Lagerung der Proben in einer definierten klimatischen Umgebung. Das bevorzugte Klima (vgl. DIN EN 20187) mit einer Lufttemperatur von (23 ± 1) °C und einer relativen Luftfeuchte von (50 ± 2) % wird als Normklima bezeichnet. Davon abweichend sind in der Norm auch andere Klimate vorgeschlagen. Besteht keine Möglichkeit der Klimatisierung, ist die Angabe der klimatischen Bedingungen zum Zeitpunkt der Probennahme und Prüfung im Prüfprotokoll zu vermerken. Die Klimatisierung erfolgt in Klimaschränken, Klimakammern oder durch Lagerung in einem klimatisierten Prüflaborraum. Die notwendige Dauer der Lagerung in der klimatisierten Umgebung hängt zum einen von der Dicke der Materialien und zum anderen von der vorhandenen Luftzirkulation ab und kann zwischen vier Stunden bei dünnen Papieren und 48 Stunden bei dicken Pappen betragen. Eine Lagerung der Proben im Stapel verlängert die notwendige Lagerzeit deutlich. Aufgrund des speziellen Sorptionsverhaltens von PKP ist zu beachten, dass der Feuchtegehalt (absolute Feuchte) nach der Lagerung im Normklima davon abhängt, ob sich das Material vorher in einer trockeneren oder in einer feuchteren Atmosphäre befand. Bei einer Klimatisierung eines trockeneren Materials wird es zu einer Feuchtigkeitsaufnahme (Sorption) und bei einem feuchteren Material zu einer Feuchtigkeitsabgabe (Desorption) kommen. Die Verläufe der Sorptions- bzw. Desorptionskurven ergeben in der Regel eine Hysterese. Um einen Fehler durch die Hysterese zu vermeiden, wird empfohlen, PKP vor der Klimatisierung zu trocknen. [1]

1.1.2 Grundlegende Materialeigenschaften von Papier, Karton und Pappe

1.1.2.1 Bestimmung der flächenbezogenen Masse nach DIN EN ISO 536

Die flächenbezogene Masse (m_A) oder die als Flächengewicht bezeichnete Eigenschaft von PKP werden oft zur Abgrenzung der Materialien genutzt. Bestimmt wird die flächenbezogene Masse durch Wägung von 20 vorher klimatisierten Proben aus mindestens fünf Probestücken, deren Fläche nicht kleiner als 500 cm^2 sein sollte. Zur Anwendung kommen Waagen mit ausreichender Genauigkeit oder spezielle Einzelblattwaagen (Quadrantenwaagen), die nach dem Neigungswaagenprinzip arbeiten. Bei den Quadrantenwaagen ist die Skalierung so gewählt, dass eine direkte Ablesung der flächenbezogenen Masse möglich ist. Die Maßeinheit der m_A ist g/m^2. Bei der Herstellung der Proben ist eine hohe Schnittgenauigkeit von Bedeutung. In der Praxis werden oft Rondenschneider verwendet, die das Schneiden einer Probe mit einer Fläche von 100 cm^2 ermöglichen. [2]

1.1.2.2 Bestimmung der Dicke nach DIN EN ISO 534

Neben der flächenbezogenen Masse ist die Dicke (d) von PKP von großer Bedeutung. Die Messung erfolgt mit einem Messtaster, der mit einem Anpressdruck von (100 ± 10) kPa auf die Materialoberfläche wirken soll. Es wird die einzelne Probe (klimatisiert) an fünf Punkten mit einem Randabstand von 40 mm bis 80 mm gemessen. Typischerweise werden vier Proben aus einer Lieferung gezogen mit den Abmessungen von 250 mm × 200 mm oder im A4-Format hergestellt. Die Maßeinheit der Dicke ist mm oder µm. [3]

1.1.2.3 Bestimmung der Dichte nach DIN EN ISO 534

Zur Charakterisierung der durchschnittlichen Gefügedichte von PKP wird die Dichte (ρ) aus den Mittelwerten der flächenbezogenen Masse und der Dicke ermittelt.

$$\rho = \frac{m_A}{d} \tag{1}$$

Wird die flächenbezogene Masse in g/m^2 und die Dicke in µm angegeben, ergibt sich für die Dichte die Maßeinheit g/cm^3. Nicht selten wird der reziproke Wert der Dichte verwendet, der dann als Volumen (V) bezeichnet wird, um zu charakterisieren, ob es sich um ein voluminöses oder weniger voluminöses Material handelt. [3]

$$V = \frac{1}{\rho} \tag{2}$$

1.1.2.4 Bestimmung des Feuchtegehaltes nach DIN EN ISO 287

Durch den Herstellungsprozess von PKP begründet, kann je nach Trocknung in der Produktion oder durch verschiedene Lagerbedingungen der Feuchtegehalt unterschiedliche Werte aufweisen. In den Spezifikationen wird der Feuchtegehalt der Lieferung ausgewiesen. Aufgrund der Tatsache, dass die Materialfeuchte sich auf die Festigkeitseigenschaften oder das Verarbeitungsverhalten auswirkt, wird die Bestimmung des Feuchtegehaltes über die Bahn- oder Bogenbreite durchgeführt und daraus ein Feuchteprofil ermittelt. [4]

1.1.3 Festigkeitseigenschaften von Papier, Karton und Pappe

Der Zugversuch ist ein mechanisches, zerstörendes Werkstoffprüfverfahren, bei dem der Widerstand eines Materials gegenüber Zugbeanspruchung ermittelt wird. Hierfür sind genormte, streifenförmige Werkstoffproben in der Regel mit einer Breite von 15 mm in eine Zugprüfmaschine einzuspannen und mit konstanter Geschwindigkeit bis zum Versagen (Bruch) auf Zug zu belasten (s. Bild 1). Die rechnergestützte Auswertung liefert ein Spannungs-Dehnungs-Diagramm mit charakteristischen Kurvenverläufen.

Für den Moment des Bruchs stellen die Bruchspannung und die Bruchdehnung die interessierenden Kenngrößen dar. Dabei beschreibt die Bruchspannung die notwendige maximale Zugkraft je Breiteneinheit und die Bruchdehnung die gemessene Längenänderung zum Zeitpunkt des Reißens. Setzt man beide Größen zueinander ins Verhältnis, lässt sich der E-Modul berechnen, der als Materialkonstante den Widerstand des Werkstoffs gegen Verformungen im elastischen Bereich charakterisiert.

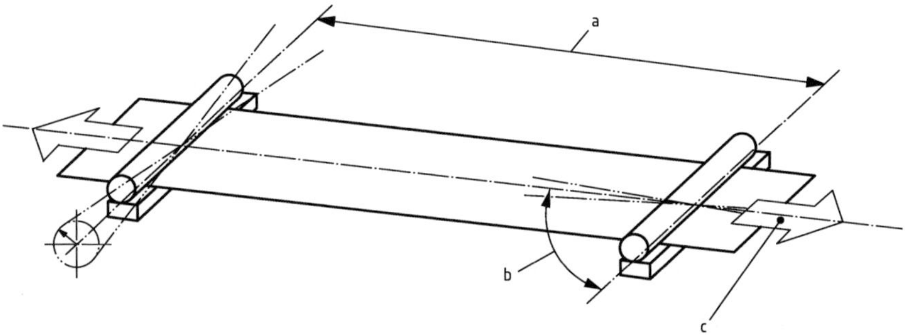

Legende

a Klemmlinie parallel zueinander mit einer maximalen Parallelitätsabweichung von 1°

b Mittellinie der Probe senkrecht zur Klemmlinie mit einer Winkelabweichung von 1°

c Zugkraft parallel zur Mittellinie der Probe mit einer Parallelitätstoleranz von 1°

Bild 1: Beziehung zwischen Klemmlinien und Proben bei der Zugprüfung

Je größere Kräfte zur Deformation notwendig sind, umso zugfester ist das Material. Je größer der E-Modul ist, desto weniger dehnt es sich bei Belastung. Bruchspannung und Bruchdehnung sind von der Laufrichtung des Materials abhängig und müssen für jede Laufrichtung gesondert ermittelt werden. [5]

1.1.3.1 Bestimmung der Berstfestigkeit nach DIN EN ISO 2758 bzw. DIN EN ISO 2759

Der Wert der Berstfestigkeit ist ein Maß für die Festigkeit von faserförmigen Packstoffen und wird beeinflusst von der Zusammensetzung und der Dicke des Materials. Mit der Berstfestigkeit wird der Widerstand einer kreisförmig eingespannten Probe gegen eine Druckbelastung durch eine sich aufwölbende Gummimembran charakterisiert. Die Proben werden unter eine Einspannklemme gelegt und mit einem möglichst geringen Druck, der ein Verrutschen der Probe verhindert (zwischen 400 kPa und 1000 kPa), gepresst. Eine Hydraulikpumpe bringt einen Druck bis zum Aufplatzen der Probe durch die Aufwölbung der Gummimembran auf. Der erreichte Druck ist der Wert für die Berstfestigkeit und wird angegeben in kPa. Es werden 10 Proben je Ober- und Unterseite geprüft und der Mittelwert ermittelt. Unterschieden wird in die Prüfung für Papier nach DIN EN ISO 2758 und für Pappe nach DIN EN ISO 2759. [6]; [7]

1.1.3.2 Bestimmung des Durchreißwiderstandes nach Elmendorf

Mit der Bestimmung des Durchreißwiderstandes wird das Weiterreißverhalten nach vorheriger Schädigung der Bogen- bzw. Blattkante charakterisiert. Zum Einsatz kommt ein Verfahren nach Elmendorf, bei dem mehrere Papierproben ein Paket bilden. Dieses Probenpaket wird zwischen Klemmen eingespannt und mit einer Schneideinrichtung definiert eingeschnitten. Anschließend wird durch Auslösen eines Pendels ein Weiterreißen bis zur vollständigen Durchtrennung realisiert. Mittels Schleppzeiger wird die Auslenkung des Pendels und damit die verrichtete Arbeit zur Anzeige gebracht. Die Probenanzahl im Probenpaket sollte so gewählt werden, dass das Messergebnis zwischen 20 % und 80 % des Skalenendwertes beträgt. [8]

1.1.3.3 Bestimmung der Biegesteifigkeit nach der Balkenmethode nach DIN 53121

Die Ermittlung der Biegesteifigkeit ist eine Materialprüfung, bei der ein Prüfstreifen durch eine Biegekraft bzw. ein Biegemoment belastet wird. Ermittelt wird eine breitenbezogene Biegesteifigkeit S in Nmm.

Die Biegesteifigkeit im elastischen Verformungsbereich entspricht der Biegefestigkeit des Produkts aus dem für das Material gültigen Elastizitätsmodul und dem Flächenträgheitsmoment der Probe.

Zur Bestimmung der Biegesteifigkeit nach der Balkenmethode kommen drei verschiedene Verfahren zum Einsatz, die sich durch die Anzahl der Auflagepunkte unterscheiden in Zweipunkt-, Dreipunkt- und Vierpunkt-Verfahren (s. Bild 2, Bild 3 und Bild 4). Unter Vorgabe eines maximalen Biegewinkels α bzw. einer maximalen Durchbiegung d wird die für die Biegung notwendige Kraft ermittelt. Es ist darauf zu achten, dass die Prüfung innerhalb der Elastizitätsgrenze des Werkstoffs erfolgt.

Mittels Berechnung nach den verschiedenen Formeln lässt sich schließlich die auf die Probenbreite b bezogene Biegefestigkeit des Materials angeben. Dabei gilt, je größer die Kraft, die für die Biegung aufgebracht werden muss, desto größer ist die Biegefestigkeit des Werkstoffs.

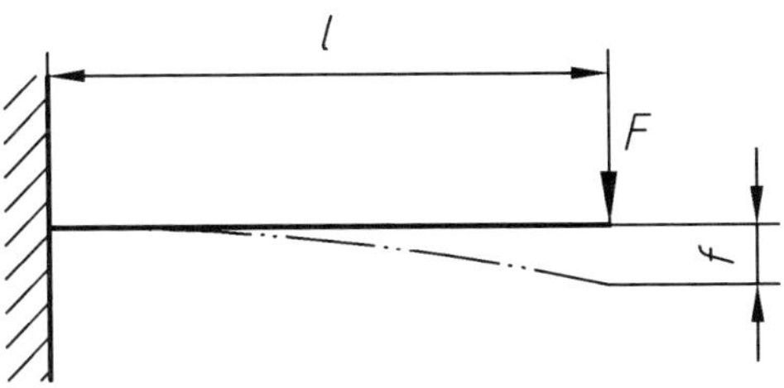

Bild 2: Bestimmung der Biegesteifigkeit nach dem Zweipunkt-Verfahren

Bei der Bestimmung der Biegesteifigkeit nach dem Zweipunkt-Verfahren wird die an einem Ende eingespannte balkenförmige Probe im Abstand l von der Einspannklemme durch eine senkrecht zur Probenoberfläche wirkende Kraft F beansprucht. Die breitenbezogene Biegesteifigkeit lässt sich durch zwei Gleichungen berechnen.

Wird beim Biegeversuch die maximale Durchbiegung f der Probe gemessen, ergibt sich die Biegesteifigkeit S mit:

$$S = \frac{F}{f} \times \frac{l^3}{3b} \tag{3}$$

Wird beim Biegeversuch der maximale Biegewinkel α der Probe gemessen, wird die Biegesteifigkeit S mit Gleichung (4) berechnet:

$$S = \frac{60}{\pi} \times \frac{F}{\alpha} \times \frac{l^3}{3b} \tag{4}$$

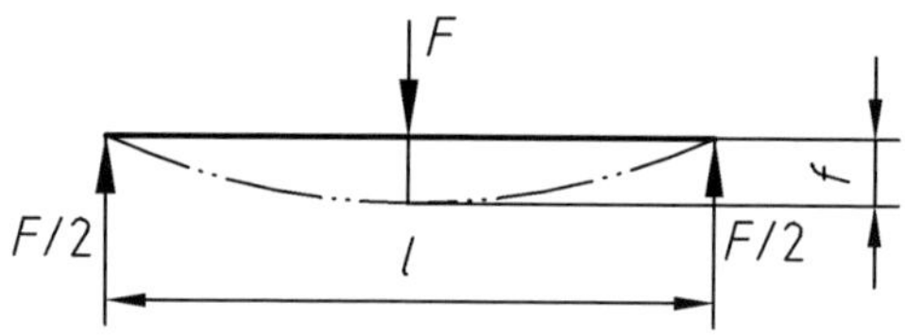

Bild 3: Bestimmung der Biegesteifigkeit nach dem Dreipunkt-Verfahren

Beim Dreipunkt-Verfahren wird die breitenbezogene Biegesteifigkeit S nach Gleichung (5) bestimmt.

$$S = \frac{F}{f} \times \frac{l^3}{48b} \tag{5}$$

Dabei ist die Messlänge l der Abstand der beiden Auflager und die maximale Durchbiegung f die Verschiebung des Kantenangriffspunktes in Richtung der Wirkungslinie.

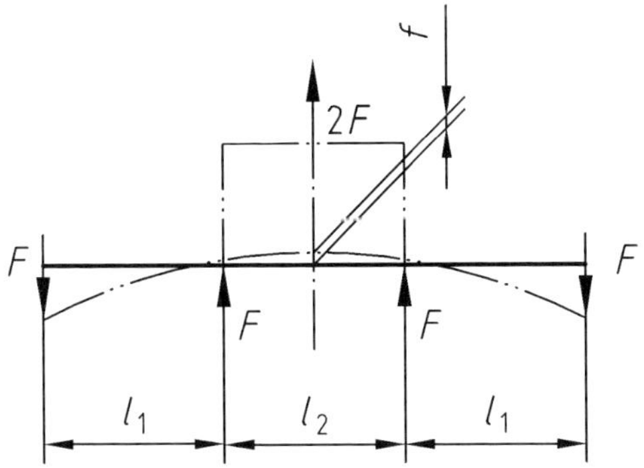

Bild 4: Bestimmung der Biegesteifigkeit nach dem Vierpunkt-Verfahren

Beim Vierpunkt-Verfahren ergibt sich die breitenbezogene Biegesteifigkeit S mit Gleichung (6):

$$S = \frac{F}{f} \times \frac{l_1}{8} \times \frac{l_2^2}{b} \tag{6}$$

Hierbei ist der Abstand l_1 der gemessene Abstand zwischen jeweils einem der äußeren Auflager und dem Angriffspunkt der benachbarten Kraft F und die Messlänge l_2 der Abstand zwischen den Angriffspunkten der beiden inneren Kräfte bzw. der beiden inneren Auflager. [9]

1.1.3.4 Prüfung der Biegesteifigkeit (Resonanzlängenmethode) nach DIN 53123

Bei der Prüfmethode der Biegesteifigkeit nach der Resonanzlängenmethode erfolgt die Bestimmung der Biegesteifigkeit dynamisch. Dabei wird ein senkrecht eingespannter Probenstreifen mit einer Frequenz von 25 Hz angeregt (s. Bild 5). Die in Schwingung versetzte Probenstreifenlänge wird während des Versuchs so lange verändert, bis die Biegeschwingung des Streifens in Resonanz mit der Schwingungsbewegung der Einspannklemme geht. Dieser Zustand ist erreicht, wenn die freie Länge der Probe die maximale Auslenkung erfährt. Die an einer Skala ablesbare Resonanzlänge des Prüfstreifens ist das Maß für die Biegefestigkeit der Probe. Große Längen bedeuten hohe Biegesteifigkeit und umgekehrt. [10]

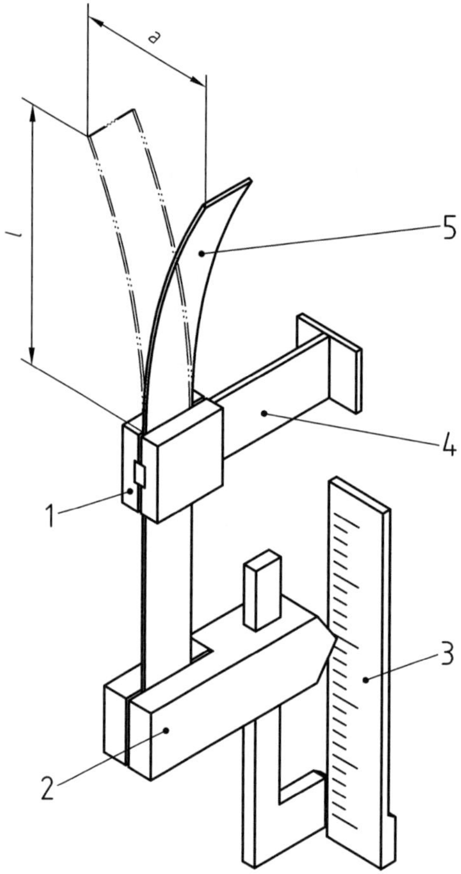

Legende
1 Schwingklemme
2 Zugklemme
3 Skale
4 Feder der Schwingklemme
5 Probe

Bild 5: Bestimmung der Biegesteifigkeit nach dem Resonanzlängenverfahren

1.1.3.5 Bestimmung des Spaltwiderstandes nach DIN 54516

Der Spaltwiderstand von in der Regel mehrlagigem Karton ist insbesondere für das Verarbeitungsverhalten beim Stanzen und Rillen von Bedeutung. Er stellt einen Kompromiss zwischen einem geringen Wert für ein gutes Delaminierungsverhalten zum Ausformen der Wulst beim Hohlrillen oder Stauchen von Karton und der Forderung nach einer hohen Verbundfestigkeit für das Stanzen dar. Gemessen werden jeweils 5 quadratische Proben mit einer Kantenlänge von 30 mm. Die Proben werden mit doppelseitigem Klebeband zwischen zwei Prüfkörper fixiert und mit einem definierten Anpressdruck für 30 Sekunden gepresst. Anschließend werden die Prüfkörper in eine Zugprüfmaschine eingespannt (s. Bild 6). Durch eine Zugbeanspruchung an einer Kante wird auf die Probe eine Spaltwirkung ausgeübt. Die Maßeinheit für den Spaltwiderstand ist kN/m und berücksichtigt die Probenbreite von 30 mm. Trotz der Anisotropie von Karton hat die Laufrichtung keinen signifikanten Einfluss. Der Grund dafür ist, dass aufgrund der Steifigkeit der Probenhalter auf den Prüfkörper eine flächige Kraftwirkung ausgeübt wird. [11]

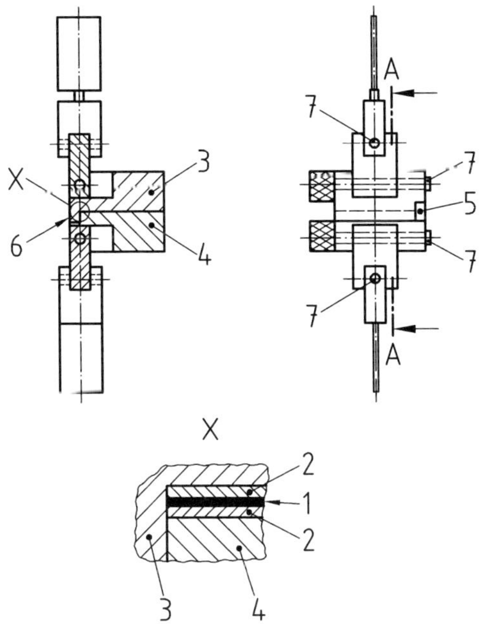

Legende

1 Probe 30 mm × 30 mm
2 doppelseitiges Klebeband
3 oberer Teil der Vorrichtung
4 unterer Teil der Vorrichtung
5 Längsführung
6 Querführung
7 Gelenkbolzen

Bild 6: Prüfvorrichtung zur Bestimmung des Spaltwiderstandes

1.1.3.6 Bestimmung des Kantenstauchwiderstandes von Vollpappe nach DIN 54519

Zur Bestimmung der Belastbarkeit von Vollpappe wird ein Probenstreifen mit der Kantenlänge zwischen zwei Prüfkörper eingespannt und in einer Prüfmaschine auf den Schnittkanten der längeren Kante mit einer Druckkraft beaufschlagt. Die Maximalkraft zum Zeitpunkt des Einknickens der Vollpappenprobe wird ermittelt. [12]

1.1.3.7 Prüfung von Faltschachtelkarton – Rillungen nach DIN 55437

Rillungen an Karton und Pappe dienen der Vorbereitung von starren oder scharnierartigen Biegestellen bei der Herstellung von Schachteln. Die hier zitierte Norm bezieht sich auf Faltschachtelkarton mit einer flächenbezogenen Masse von 180 g/m^2 bis 600 g/m^2. Zur Bewertung der Rillung werden Proberillungen mit Laborrillgeräten oder Hubpressen an den Packstoffen ausgeführt. Vor der Durchführung der Proberillungen ist das Material im Offsetverfahren vollflächig mit einer wegschlagend/oxidativ trocknenden Skalenfarbe Cyan zu bedrucken. In Abhängigkeit von der Dicke des Packstoffes und seiner Stoffzusammensetzung werden verschieden breite und tiefe Rillungen ausgeführt. Die Bezeichnungen und Bemaßungen erfolgen nach Bild 7. Die Werkzeuge sind so zu gestalten, dass bei verschärften Bedingungen drei Rillungen mit einem Abstand von 10 mm parallel zueinander ausgeführt werden oder unter normalen Bedingungen ein Abstand zwischen 30 mm bis 50 mm gewählt wird. Die Rillungen werden nach der Klimatisierung mindestens an je drei Proben mit den Mindestmaßen 50 mm × 140 mm sowohl längs als auch quer zur Maschinenlaufrichtung des Materials ausgeführt. Der Riller muss auf die Oberseite (Außenseite der Schachtel) des Materials aufsetzen.

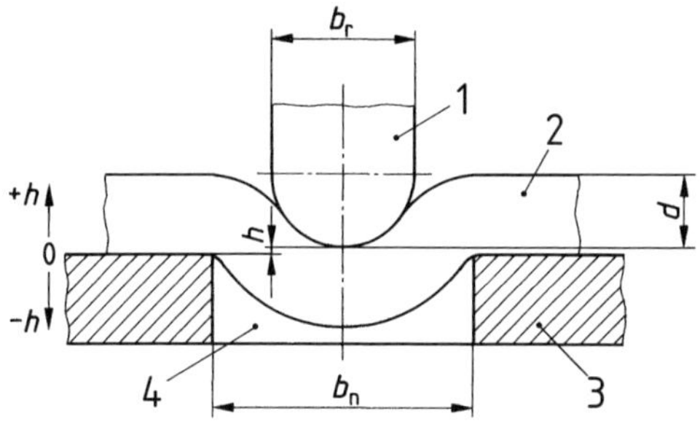

Legende

b_r Rillmesserdicke
b_n Nutbreite
h Eintauchtiefe
d Dicke des Kartons
1 Riller
2 Probe
3 Nutwerkzeug
4 Rillnut

Bild 7: Schematische Darstellung des Rillvorgangs

Bei der visuellen Bewertung der optischen Qualität der Rillung wird von den drei Rillungen nur die mittlere Rillung betrachtet. Die beiden äußeren Rillungen dienen als Niederhalter, um reproduzierbare Ergebnisse zu erreichen. Die gerillte Probe wird von Hand mit einem Biegewinkel von 180° gebogen, wobei die Wulst innen liegen muss. Bewertet wird das Auftreten von Rissen an der Außenseite. Neben der optischen Bewertung können die gerillten Proben in Bezug auf die technische Qualität der Rillung untersucht werden. Zu diesem Zweck ist ein Prüfgerät notwendig, mit dem die gerillten Proben bis zu einem Biegewinkel von 120° gebogen werden können. Ermittelt werden der Biegewiderstand der ungerillten Probe F_u und der Biegewiderstand der gerillten Probe F_g. Der Quotient aus F_g und F_u wird als Biegewiderstandsverhältnis ausgewiesen. Der Biegewiderstand wird bezogen auf die Probenbreite in mN/m angegeben. Oft wird auch der Faltfaktor *f* als Schwächung des Materials in der Rillzone dargestellt. Der Faltfaktor ergibt sich aus dem Produkt des Biegewiderstandes der gerillten Probe und der Einspannlänge geteilt durch die Biegesteifigkeit, die nach DIN 53121 ermittelt wird (vgl.1.1.3.3). [13]

1.1.4 Festigkeitseigenschaften von Wellpappenpapieren und Wellpappe

1.1.4.1 Bestimmung des Streifenstauchwiderstandes nach DIN 54518

Zur Klassifizierung der Festigkeit von Decken- und Wellenpapieren für die Wellpappenherstellung wird neben der Zugfestigkeit und der Biegesteifigkeit auch der Streifenstauchwiderstand herangezogen. Ermittelt wird der Streifenstauchwiderstand an 15 mm breiten und 70 mm langen Streifen, die in Klemmen mit einem Abstand (freie Einspannlänge) von 0,7 mm zueinander angeordnet sind. Die Druckkraft in Richtung der Blattebene bis zum Versagen durch Knicken wird ermittelt und als breitenbezogener Streifenstauchwiderstand (SSW) in kN/m angegeben. Es sind 20 Probenstreifen quer und 20 Probenstreifen längs zur Maschinenlaufrichtung zu messen. [14]

1.1.4.2 Bestimmung des Ringstauchwiderstandes nach DIN 53134

Neben dem Streifenstauchwiderstand wird der Ringstauchwiderstand RCT zur Klassifizierung der Festigkeitseigenschaften der Decken- und Wellenpapiere genutzt. Die Proben mit einer Breite von 12,7 mm und einer Länge von 152 mm werden in einen Probenhalter (s. Bild 8) eingeschoben. Der Probenhalter besteht aus einem Grundkörper mit einem Ring, dessen Innendurchmesser 49,3 mm beträgt. In diesen Ring werden ringförmige Scheiben eingelegt, deren Außendurchmesser von der Dicke des Papiers abhängt. Die Empfehlung des Scheibendurchmessers ist der Tabelle 1 zu entnehmen. Der Probenhalter wird mit der Probe in einer Druckprüfmaschine mit einer Geschwindigkeit von 12,5 mm/min bis zum Zusammenbrechen der Probe beansprucht. Ermittelt wird die Maximalkraft, die zum Versagen der Probe führt. Der Ringstauchwiderstand ergibt sich aus der Druckkraft bezogen auf die Streifenlänge und wird mit der Einheit kN/m für je 10 Proben sowohl in Längsrichtung als auch in Querrichtung angegeben. [15]

Längenangaben in mm

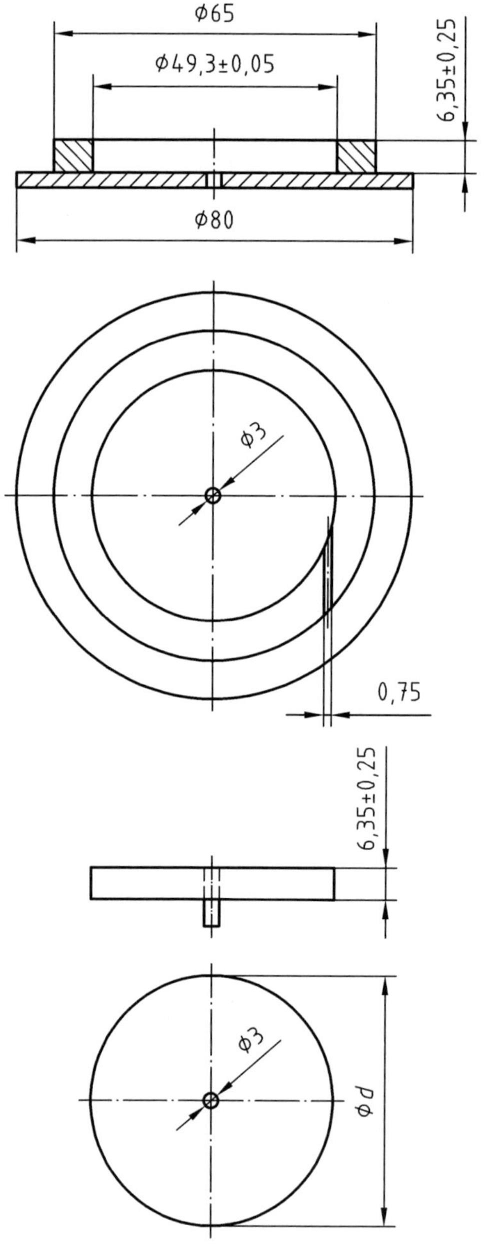

Bild 8: Probenhalter zur Bestimmung des Ringstauchwiderstandes

Tabelle 1: Bestimmung des Ringstauchwiderstandes

Dicke der Proben in mm	Scheibendurchmesser *d* in mm t 0,05
0,10 bis 0,14	48,9
über 0,14 bis 0,17	48,8
über 0,17 bis 0,20	48,7
über 0,20 bis 0,23	48,6
über 0,23 bis 0,28	48,5
über 0,28 bis 0,32	48,3
über 0,32 bis 0,37	48,2
über 0,37 bis 0,42	48,0
über 0,42 bis 0,50	47,8

1.1.4.3 Bestimmung des Flachstauchwiderstandes nach DIN EN ISO 3035

Die Festigkeit einer ein- oder mehrwelligen Wellpappe gegenüber einer senkrecht auf die Oberfläche wirkenden Kraft wird als Flachstauchwiderstand bezeichnet. Werden Wellpappeverpackungen durch geringe Auflageflächen des Packgutes (ringförmiger Boden oder kleine Verschlusskappendurchmesser an Flaschen o. Ä.) beansprucht, kann dies zu einer partiellen Schädigung der Wellpappe führen. Geprüft werden 10 Proben mit einer Mindestgröße von 50 cm². Üblicherweise werden mit einem Probenschneider Proben von 100 cm² Fläche ausgeschnitten. Die Prüfung wird mit einer Druckprüfmaschine durchgeführt, die eine spezielle Führung der parallelen Platten ohne horizontale Auslenkung möglich macht. Ermittelt wird die maximale Druckkraft in kN bezogen auf die Probenfläche in m². Die Angabe der Flachstauchwiderstandswerte erfolgt in kPa. [16]

1.1.4.4 Bestimmung des Kantenstauchwiderstandes nach DIN EN ISO 3037

Der Kantenstauchwiderstand (ECT-Wert) von ein- oder mehrwelliger Wellpappe wird im Rahmen der McKee-Formel [siehe Stapelstauchdruck von Wellpappeschachteln (BCT-Wert)] zur Dimensionierung von Wellpappeschachteln und als Festigkeitseigenschaft in der Güteklasseneinteilung von Wellpappe nach DIN EN ISO 3037 genutzt. Gemessen wird die Druckkraft in Wellenrichtung auf einen 25 mm breiten Streifen mit einer Länge von 100 mm. Die parallel angeordneten Druckplatten müssen senkrecht ohne horizontale Auslenkung geführt werden. Der Kantenstauchwiderstand ergibt sich aus der auf die Probenlänge bezogenen Maximalkraft beim Versagen durch Knicken in kN/m. [17]

1.1.4.5 Bestimmung der Durchstoßarbeit nach DIN 53142

Der Durchstoßwiderstand wird an quadratischen ein- oder mehrwelligen Wellpappeproben mit einer Kantenlänge von 175 mm durchgeführt. Der Durchstoßwiderstand gibt eine Aussage über die Belastbarkeit von Wellpappe gegenüber scharfkantigen Krafteinwirkungen bei Lagerung und Transport von Wellpappeschachteln. Im Teil 1 der DIN 53142 wird die Prüfung mit einem Pendelschlagwerk beschrieben. An einem Pendel, das mit Massestücken je nach zu erwartenden Festigkeitswerten ergänzt werden kann, ist ein Durchstoßkörper in Form einer Dreieckspyramide (s. Bild 9) befestigt. Gemessen wird die für das Durchstoßen verbrauchte Energie in J. Die Energie wird verbraucht durch Einstechen, Weiterreißen, Aufbiegen des Materials und die Überwindung der Reibung zwischen Prüfkörper und Material.

Im Teil 2 der gleichen Norm wird die Prüfung mit einem linearen Vorschub des Prüfkörpers beschrieben.

Es werden 10 Proben gegen die Oberseite und 10 Proben gegen die Unterseite mit dem Durchstoßkörper geprüft. [18]

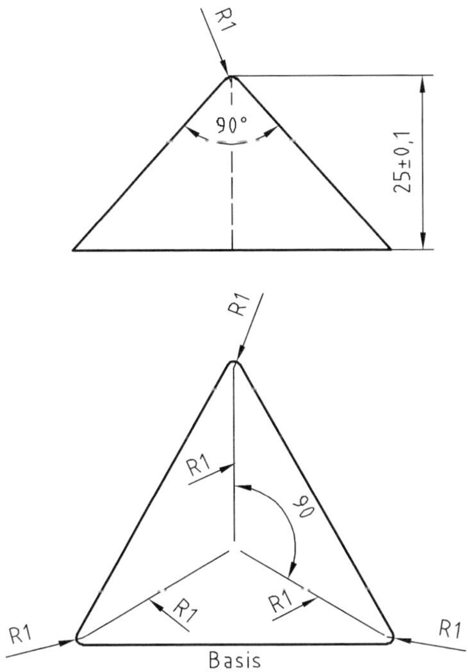

Bild 9: Durchstoßkörper zur Prüfung der Durchstoßfestigkeit

1.1.4.6 Bestimmung der Wasserbeständigkeit von Wellpappenverklebungen nach DIN 53133

Die Wasserbeständigkeit der Wellpappenverklebung ist insbesondere für Transportverpackungen von Bedeutung, bei denen relative Luftfeuchteschwankungen oder Spritzwasser zum Delaminieren der Lagenverklebung und damit zur Schädigung der Wellpappe führen. Es werden Proben mit den Abmessungen 20 mm × 150 mm geschnitten. Die Schnittkante der schmalen Seite läuft parallel zur Wellenrichtung. An den Proben werden die Schnitte in den Deckenpapieren so gesetzt, dass fünf Klebestellen zwischen Wellenpapier und Deckenpapier beansprucht werden (s. Bild 10 und Bild 11). Die Probe wird mit einem Massestück inklusive Klemmvorrichtung von 250 g belastet und so an eine Haltevorrichtung angebracht, dass der Wasserspiegel 25 mm über der Prüfzone liegt. Die Prüfdauer ergibt sich aus der Zeit zwischen dem Eintauchen der Proben und dem Zeitpunkt, bei dem das Versagen der Klebung festgestellt wurde. Proben, bei denen die Papierbahn reißt, bevor sich die Klebestelle gelöst hat, werden nicht ausgewertet. [19]

Längenangaben in mm

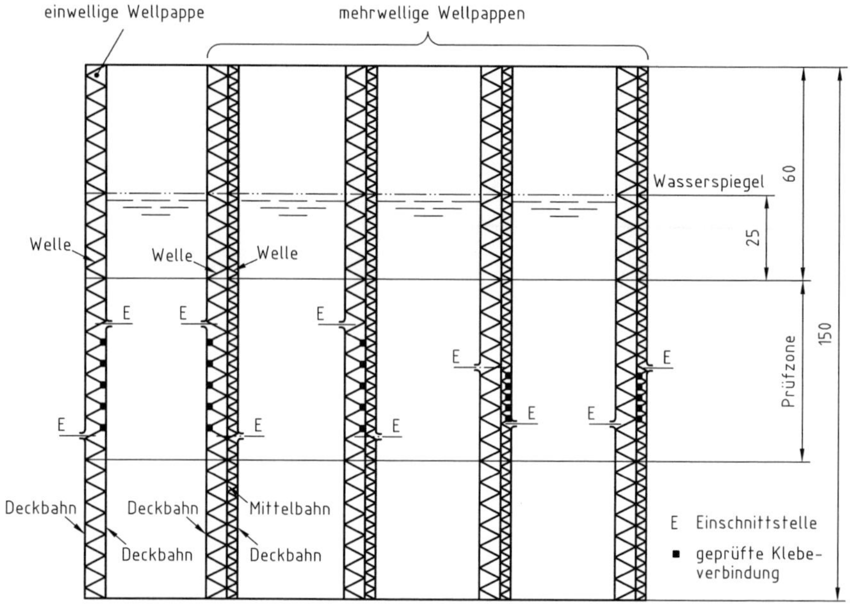

Bild 10: Lage der Prüfzonen und der Einschnittstellen bei der Prüfung der Festigkeit der Klebung zwischen einem Deckenpapier und dem Wellenpapier

Längenangaben in mm

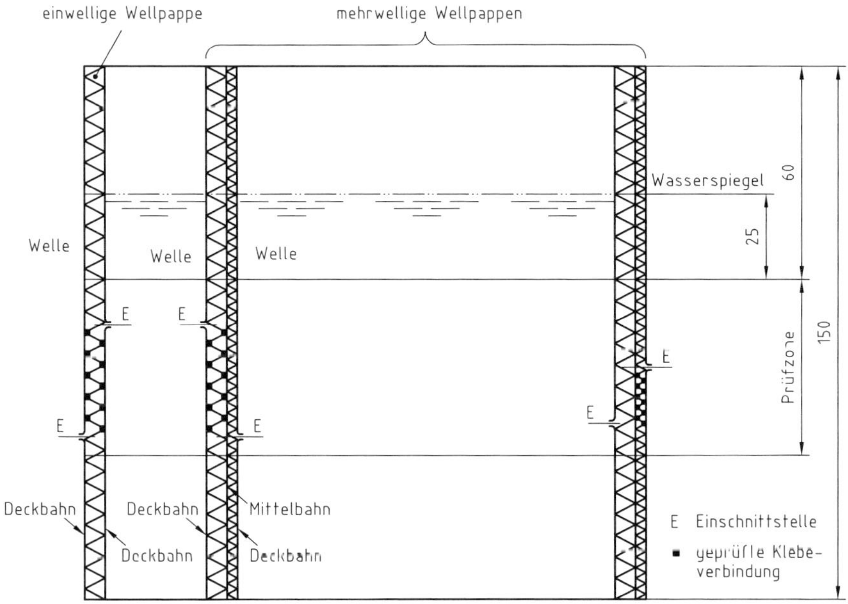

Bild 11: Lage der Prüfzonen und der Einschnittstellen bei der Prüfung der Festigkeit der Klebung zwischen beiden Deckenpapieren und dem Wellenpapier

1.1.5 Oberflächeneigenschaften von Papier, Karton und Pappe

1.1.5.1 Bestimmung des Weißgrades nach DIN 53145

Mit dem Weißgrad wird der optische Weißeindruck von zu bedruckenden Packstoffoberflächen bewertet. Die Probenoberfläche wird mit einem Licht mit einer Wellenlänge von 457 nm diffus beleuchtet und senkrecht zur Probenebene gemessen. Das Messgerät (Reflexionsfotometer) wird mit einem Weißstandard (mattweißer Körper mit 100 % Reflexion) und einem Schwarzstandard (Reflexion < 0,1 %) vor Beginn der Messung kalibriert. Die Angabe des Weißgrades erfolgt als Reflexionsfaktor in Prozent. [20]

1.1.5.2 Bestimmung der Opazität nach DIN 53146

Mit der Opazität wird die Lichtundurchlässigkeit insbesondere von Papieren bewertet. Interessant ist das Maß der Opazität für Verpackungen, bei denen der Inhalt nicht durchscheinen sollte. Ermittelt wird die Opazität mit dem Relexionsfotometer (vgl. Bestimmung des Weißgrades nach DIN 53145) unter Verwendung des Schwarzstandards, auf den die Probe des zu untersuchenden Materials aufgelegt wird. Es werden jeweils 5 Proben für Ober- und Unterseite gemessen. Die Opazität errechnet sich aus dem Verhältnis des Reflexionsfaktors der Probe auf dem Schwarzstandard zu dem Reflexionsfaktor der Probe auf einem Stapel von Blättern des gleichen Materials, der so dick ist, dass kein Licht hindurchtreten kann. Das Verhältnis der Reflexionsfaktoren wird mit 100 multipliziert und daraus ergibt sich die Opazität in Prozent. [21]

1.1.5.3 Bestimmung der Glätte nach Bekk nach DIN 53107

Mit der Glätte nach Bekk werden Unebenheiten von Packstoffoberflächen gegenüber einer ringförmigen, nahezu vollkommen ebenen glatten Oberfläche der Prüfeinrichtung ermittelt. Die Probe wird unter Verwendung einer Gummiplatte auf die Glasplatte mit einem Druck von 100 kPa angepresst. Die Kontaktfläche beträgt 10 cm^2. Über einen Vakuumbehälter wird ein Unterdruck zwischen Probe und Glasplatte aufgebaut. Gemessen wird die Zeitdauer, bis ein Druckabfall von –50,7 kPa auf –48,0 kPa eingetreten ist. Die dabei eindringende Luftmenge beträgt 10 ml. Es werden je Seite eines Packstoffes 10 Proben gemessen. Größere Bekk-Werte in Sekunden bedeuten eine höhere Glätte. [22]

1.1.5.4 Bestimmung der Rauheit nach Bendtsen nach DIN 53108

Im Gegensatz zur Glätte nach Bekk wird bei diesem Verfahren die Oberflächenrauigkeit beschrieben als Maß eines Luftstromes in ml/min. Ein ringförmiger Messkopf mit einer Messringschneide, die einen Innendurchmesser von 31,5 mm und eine Dicke von 0,15 mm aufweist, wird mit 100 kPa gegen die Probenoberfläche gedrückt. Ein Luftstrom mit 15 mbar Überdruck wird auf den Messkopf gegeben und die Durchflussmenge in ml/min als Maß für die Oberflächenrauigkeit ermittelt. Höhere Durchflussmengen bedeuten höhere Rauigkeiten des Packstoffes. [23]

1.1.5.5 Bestimmung des Abriebes nach dem Reibradverfahren nach DIN 53109

Die Scheuerfestigkeit der Oberflächen von Papieren und Pappen ist für eine Reihe von Verarbeitungsprozessen sowie die Anwendung von Packmitteln von Bedeutung. Insbesondere der durch Abrieb entstehende Staub wirkt sich störend aus. Es wird zwischen Trocken- und Nassabrieb unterschieden. Die Probe wird auf einen mit einer Gummischeibe belegten Teller aufgespannt. Zwei Reibräder mit einem Durchmesser von 44 mm bis 50 mm und einer Breite von 13 mm werden mit je einer Kraft von z. B. 10,3 N auf die Probe aufgesetzt. Die Oberfläche der Reibräder besteht aus Gummi mit eingebetteten Schleifkörpern (s. Bild 12). Der Teller mit der Probe wird mit einer Drehzahl von 55 min^{-1} gedreht und die Anzahl der Umdrehungen wird mit einem Zählwerk erfasst. Eine Absaugvorrichtung entfernt während der Beanspruchung die abgeriebenen Teile. Ermittelt wird der Abrieb durch Wägung der Probe vor der Beanspruchung und nach einer festgelegten Anzahl von Umdrehungen. Es werden je 10 Messungen für die Ober- und Unterseite vorgenommen. [24]

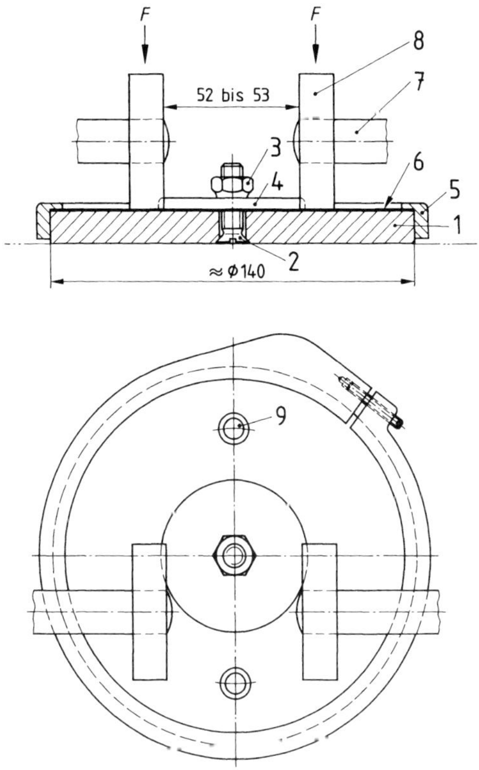

Legende

1 Teller
2 Schraube
3 Mutter
4 Scheibe
5 Spannung
6 Gummischeibe
7 Andrückvorrichtung
8 Reibrad
9 Absaugstutzen

Bild 12: Prüfgerät zur Bestimmung des Abriebs

1.1.6 Verhalten gegenüber Gasen und Flüssigkeiten

1.1.6.1 Bestimmung der Feuchtdehnung nach DIN ISO 8226-1

Als Feuchtdehnung wird die Längenänderung von Papieren oder Pappen (bezogen auf eine Ausgangslänge) infolge einer Erhöhung der Gleichgewichtsfeuchte bezeichnet. Die Feuchtedehnung ist laufrichtungsabhängig und ebenso abhängig von der Materialzusammensetzung. Abweichend von der sonst üblichen Vorbereitung der Proben durch Klimatisierung unter Normklimabedingungen (23° C/50 % rel. Luftfeuchte) werden die Proben bei 23° C und 22 % relative Luftfeuchte (23/22) vorklimatisiert. Im ersten Schritt wird die Ausgangslänge ermittelt. Dazu werden die Proben in Einspannklemmen mit einer Einspannlänge von mindestens 100 mm unbelastet für mindestens 30 min bei Normklima in einer Prüfkammer gelagert. Danach wird je nach flächenbezogener Masse der Proben eine empfohlene breitenbezogene Belastung vorsichtig angebracht und die Länge mit einer Längenmesseinrichtung als Ausgangslänge l_0 ermittelt. Die Proben werden entlastet und den Bedingungen 23/22 mindestens für 30 min erneut ausgesetzt. Anschließend erfolgt die Messung der Länge bei angebrachter breitenbezogener Belastung. Der Wert der Feuchtedehnung X wird als Differenz der gemessenen Längen l bei einer Lagerung in der Prüfkammer bei 33 % und bei 66 % rel. Luftfeuchte nach Gleichung (7) ermittelt.

$$X = \left(l_{66} - l_{33}\right) \times \frac{100}{l_0} \qquad (7)$$

Die Proben werden bei den angegebenen Luftfeuchten unbelastet für mindestens 30 min gelagert. Die Messung der Länge erfolgt wie beschrieben unter Last. [25]

1.1.6.2 Bestimmung der Luftdurchlässigkeit nach DIN 53120-1

Die Luftdurchlässigkeit von Packstoffen hat bei der Vereinzelung von Bogen im Stapel unter Verwendung von Saugbändern, Saugwalzen oder Hubsaugern einen Einfluss auf das Verarbeitungsverhalten. In diesen Fällen sollte die Luftdurchlässigkeit möglichst klein sein, um das Ziehen von Doppelbogen zu vermeiden. Im Gegensatz dazu wird bei der Herstellung von Skinverpackungen von den zum Einsatz kommenden Karton- oder Pappezuschnitten eine möglichst hohe Luftdurchlässigkeit verlangt, um die Luft durch den Zuschnitt hindurch zu entfernen. Für die Bestimmung der Luftdurchlässigkeit sind das Verfahren nach Bendtsen und das Verfahren nach Schopper bekannt. Bei beiden Verfahren werden je fünf Messungen der Oberseite und der Unterseite durchgeführt.

Beim Verfahren nach Bendtsen wird der Luftvolumendurchfluss in ml/min ermittelt, der bei einem Überdruck von 1,47 kPa senkrecht durch eine kreisrunde Prüffläche von 10 cm^2 erreicht wird. Die Probe wird dabei zwischen einer ringförmigen ebenen und einer ringförmigen Fläche mit Dichtung eingespannt. Der ermittelte Wert der Luftdurchlässigkeit in ml/min wird mit dem Faktor 0,0113 multipliziert und das Ergebnis wird als Luftdurchlässigkeit in µm/(Pa · s) angegeben. [26]

1.1.6.3 Bestimmung des Wasserabsorptionsvermögens (Cobb-Verfahren) nach DIN EN ISO 535

Der Cobb-Wert ist die berechnete Wassermasse in g/m^2, die in einem festgelegten Zeitraum von Papier oder Pappe unter festgelegten Bedingungen absorbiert wird. Mit dem Cobb-Wert wird das Verhalten der Papieroberfläche gegenüber von Wasser charakterisiert. Ein Probestück wird unmittelbar vor und sofort, nachdem die Oberfläche dem Wasser ausgesetzt war, gewogen. Das Probestück ist so zu schneiden, dass mindestens 10 mm über den Rand des verwendeten Metallhohlzylinders (Innenfläche = Prüffläche z. B. 100 cm^2) herausragen. Die Probe wird auf den Rand des Zylinders aufgelegt und mit einer Metallplatte dicht angepresst. Anschließend wird der Zylinder um 180° gedreht. Der Metallzylinder wird mit Wasser gefüllt, sodass das Wasser auf die Oberfläche der Probe einwirken kann. Die Füllhöhe sollte 10 mm betragen. Nach einer Zeit von 30 s, 60 s oder 120 s wird das Wasser entfernt. Die Probe wird vom Zylinder abgenommen und mit einem Löschpapier wird die an der Oberfläche anhaftende Wassermenge durch Anpressen mit einer Metallrolle (Durchmesser 90 mm, Breite 200 mm und Masse 10 kg) entfernt. Abschließend erfolgt die Wägung des Probestückes. Mit der Indexzahl 30, z. B. $Cobb_{30}$, wird die Kontaktzeit mit dem Wasser angegeben. [27]

1.1.6.4 Bestimmung der Fettdurchlässigkeit nach DIN 53116

Für Einschläge oder Beutel aus Papier ist beim Verpacken von fetthaltigen Lebensmitteln oder zum Korrosionsschutz von eingefetteten Metallwaren die Fettdurchlässigkeit von Bedeutung. Unter Fettdurchlässigkeit wird die Anzahl der punktförmigen Fettdurchgänge durch das zu prüfende Material verstanden. Es werden Proben mit den Abmessungen von 148 mm × 105 mm geschnitten, die frei von Aufdrucken sowie mechanischen Beschädigungen wie Abrieb oder Knickstellen sein sollten. Auf eine quadratische Flachglasplatte mit der Kantenlänge von 100 mm wird zuerst ein Schutzpapier und dann ein hochweißes, glattes und weiches Anzeigepapier mit der gleichen Abmessung wie die Probe gelegt. Auf das Anzeigepapier wird die Probe gelegt. Unter Verwendung einer 1 mm dicken Metallschablone mit einem quadratischen Ausschnitt von

70,7 mm Kantenlänge wird ein eingefärbtes Prüffett (wie z. B. Palmkernfett) auf die Probe aufgespachtelt. Anschließend wird die Fettschicht mit einer fettdichten Folie abgedeckt und durch Auflegen einer weiteren Glasplatte sowie entsprechender Gewichtsstücke einem Prüfdruck von $\geq 2000\ N/m^2$ für eine festgelegte Einwirkdauer ausgesetzt. Bewertet werden die Anzahl der Fettdurchgänge bis 1 mm Durchmesser und die Anzahl der Fettdurchgänge mit einem Durchmesser von mehr als 1 mm. Die Untersuchungen können nur für die dem Fett zugewandte Seite des Packstoffes oder für jede Seite gesondert durchgeführt werden. [28]

1.1.6.5 Bestimmung der Wasserdampfdurchlässigkeit nach DIN 53122

Einerseits müssen trockene und feuchteempfindliche Füllgüter während des Transportes und der Lagerung vor Wasserdampfaufnahme durch eine geeignete Verpackung geschützt werden. Andererseits werden Füllgüter, die durch das Austrocknen einen Qualitätsverlust erfahren, ebenfalls durch wasserdampfdichte Packmittel geschützt. Daraus leitet sich bei der Auswahl des zum Einsatz kommenden Packstoffes die Forderung nach der Kenntnis der Werte der Wasserdampfdurchlässigkeit ab. Die Wasserdampfdurchlässigkeit eines Packstoffes kann entweder durch ein spezielles Messgerät oder durch ein gravimetrisches Verfahren ermittelt werden. Beim gravimetrischen Verfahren wird eine Glasschale oder eine Aluminiumschale mit einem Absorptionsmittel (z. B. Calciumchlorid oder Silikagel) bis 4 mm unter den Rand gefüllt. Die Schale wird mit der Probe unter Verwendung eines Vergussmittels (Wachs) dicht verschlossen (s. Bild 13). Nach einer Wägung wird die Schale mit der Probe in einen Verdampfungsraum (z. B. Exsikkator) einer definierten rel. Luftfeuchte ausgesetzt. In Abhängigkeit von der Wasserdampfdurchlässigkeit werden nach festgelegten Zeitspannen erneut Wägungen durchgeführt. Es wird ein Masse-Zeit-Diagramm erstellt. Erst wenn drei aufeinanderfolgende Messpunkte auf einer Geraden liegen, kann eine Auswertung erfolgen. Ermittelt wird die Wasserdampfdurchlässigkeit mit der Einheit $g/(m^2 \cdot d)$. Die Prüffläche ergibt sich aus dem Innendurchmesser der Schale. Im Prüfprotokoll ist neben der flächenbezogenen Masse die Dicke der Proben anzugeben und das Klima im Verdampfungsraum. [29]

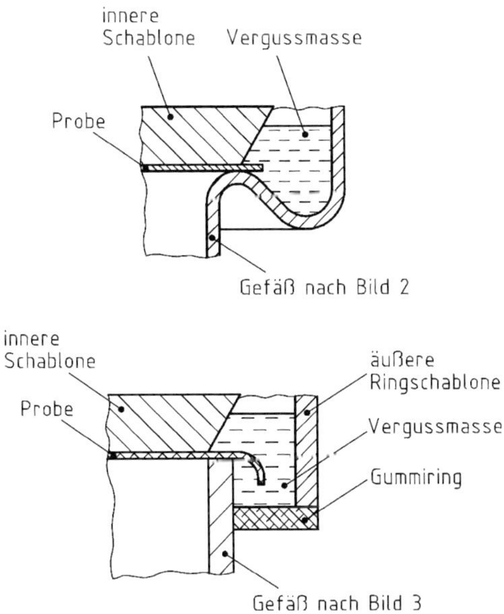

Bild 13: Prüfanordnung zur Bestimmung der Wasserdampfdurchlässigkeit

1.1.7 Bestimmung des mikrobiologischen Zustandes und sensorische Analysen

1.1.7.1 Bestimmung der Oberflächenkolonienzahl nach DIN 54378

Auf der Oberfläche von Packstoffen befindliche Mikroorganismen können beim Direktkontakt mit Lebensmitteln zu deren Verderb führen. Zur Beschreibung des mikrobiologischen Zustandes von Packstoffen wird die Oberflächenkolonienzahl (Abk. OKZ) bezogen auf 100 cm^2 nach einer Bebrütungszeit von fünf Tagen mit einer Temperatur von 25° C bestimmt. Mit dem Index s für die OKZ wird der Hinweis auf Schimmelpilze gegeben. Zur Untersuchung werden sterile Arbeitsgeräte wie Pinzetten, Messer und Petrischalen sowie destilliertes Wasser und Nährböden (z. B. Pilznährböden) benötigt. In die sterile Petrischale werden 10 ml des verflüssigten Nährbodens gegeben. Nach dem Erstarren wird die Packstoffprobe auf das noch feuchte Nährmedium gegeben und mit weiterer Zugabe von verflüssigtem Nährboden 2 mm hoch bedeckt. Nach dem Erstarren werden die Petrischalen in einen Brutschrank gelegt und bebrütet. Nach Ablauf von drei Tagen werden die gefundenen Schimmelpilzkolonien gezählt. [30]

1.1.7.2 Bestimmung der Gesamtkolonienzahl nach DIN 54379

Mit der Bestimmung der Gesamtkolonienzahl wird die Wirksamkeit von bakteriziden und fungiziden Zusatzstoffen bei der Packstoffherstellung untersucht. Die Gesamtkolonienzahl (Abk. GKZ) wird ebenfalls durch Auszählen nach einer Bebrütungsdauer von drei Tagen, jedoch bezogen auf 1 g ofentrockene Probe, ausgewiesen. Im Gegensatz zur OKZ wird der Packstoff mit einem Aufschlaggerät in eine Faserstoffsuspension überführt und dann mit einem Nährmedium versetzt in Petrischalen bebrütet. [31]

1.1.7.3 Sensorische Analyse – Geruch nach DIN EN 1230-1

Die Untersuchungen an Papier, Karton oder Pappe in Bezug auf Eigengeruch sind von Bedeutung, wenn Lebensmittel verpackt werden und ein Geruchsübergang auf das Lebensmittel stattfinden kann und damit die Qualität des Lebensmittels beeinträchtigt wird. Aus einem Lieferposten werden Probestücke entnommen und in Glasbehältern bei 23° C für 24 h im Dunkeln verschlossen gelagert. Von Sensorik-Prüfern wird der Geruch der Luft in den Glasbehältern unter Verwendung einer Skala von 0 (kein wahrnehmbarer Geruch) bis 4 (starker Geruch) bewertet. [32]

1.1.7.4 Sensorische Analyse – Geschmacksübertragung nach DIN EN 1230-2

Die Untersuchung von Packstoffen, bei denen eine Geschmacksübertragung stattfinden kann und damit der Geschmack bzw. das Aroma des Lebensmittels beeinflusst wird, hat insbesondere bei Lebensmittelverpackungen einen hohen Stellenwert. Zur Bewertung werden vorgeschlagen:

1) Die Dreiecksprüfung, bei der drei kodierte Prüfmengen gleichzeitig präsentiert werden, von denen zwei identisch sind und der Prüfer den Unterschied erkennen muss.
2) Die erweiterte Dreiecksprüfung, bei der eine Untersuchungsmenge und zwei Kontrollprüfmengen vorgelegt werden und der Prüfer die abweichende Prüfmenge erkennen muss.
3) Die Multi-Vergleichsprüfung, bei der der Prüfer die Stärke des Geschmacksunterschieds zwischen einer zu analysierenden Prüfmenge und einer bekannten Prüfmenge zur Kontrolle beurteilen muss.

Proben des zu untersuchenden Packstoffes werden zusammen mit einer Prüfsubstanz in Glasgefäßen für 44 h bis 48 h bei 23° C bei einer bestimmten Feuchte im Dunkeln gelagert. Die gewählte Feuchte richtet sich nach dem Einsatzzweck des Packmittels und muss im Prüfbericht angegeben werden. Als Prüfsubstanz kommen Lebensmittel, die verpackt werden sollen, stilles

Mineralwasser oder ein Prüflebensmittel wie z. B. geriebene Milchschokolade zum Einsatz. Die Intensität der Geschmacksübertragung wird mit einer Skala von 0 (keine wahrnehmbare Geschmacksübertragung) bis 4 (starke Geschmacksübertragung) bewertet. [33]

1.2 Kunststoffe als Packstoff

1.2.1 Grundlegende Prüfverfahren für Kunststoffe

1.2.1.1 Probe und Probekörper – Entnahme, Vorbehandlung nach DIN 16906

Proben von Kunststoffbahnen und Kunststoff-Folien werden in voller Bahnbreite entnommen. Die Probekörper werden je nach Flächenbedarf für das Prüfverfahren geschnitten bzw. gestanzt. Dabei sollte berücksichtigt werden, dass der Probekörper 100 mm von den Kanten entfernt entnommen wird. Die Herstellrichtung der Bahn ist die Längsrichtung. Sollte die Herstellrichtung nicht bekannt sein, werden die Probekörper mit 1 für die eine Richtung und mit 2 für die senkrecht dazu stehende Richtung gekennzeichnet. Die Probekörper werden in der Regel vor jeder Prüfung mindestens 24 h im Normklima (23° C/50 % rel. LF) gelagert. [34]

1.2.1.2 Bestimmung der Dicke durch mechanische Abtastung nach DIN ISO 4593

Die Ermittlung der Dicke gehört zu den grundlegenden Verfahren, die herangezogen werden, um eine Lieferung auf ihre Korrektheit zu überprüfen. Das verwendete Messgerät hat eine ebene untere Oberfläche. Die obere Oberfläche kann eben oder abgerundet sein. Die Oberflächen müssen poliert sein. Die untersuchten Probekörper sind 100 mm breit. Mit einer Anpresskraft von 0,1 N bis 0,5 N wird der Fuß auf die Probe aufgesetzt und mit mechanischen Messuhren, optisch oder elektronisch, die Dicke von glatten, nicht geprägten Kunststoffen gemessen. In Abhängigkeit von der Größe der Probekörper ist die Dicke an mindestens zehn Messpunkten zu bestimmen. [35]

1.2.1.3 Bestimmung der Blockkraft nach DIN 53366

Mit der Blockkraft wird das Maß der durch Druck- und Temperatureinwirkung hervorgerufenen Haftung (Blocken) von zwei übereinanderliegenden Folien beschrieben. Eine zu große Blockkraft kann beim Abwickeln von Folienrollen oder beim Vereinzeln von Folienstapeln zu Störungen im Verarbeitungsprozess führen. Es werden 15 mm breite und 200 mm lange Proben geschnitten und auf einer Länge von 50 mm verblockt (s. Bild 14). Die Verblockung wird mit einem der nachfolgend aufgezählten Drücken von 1 kPa, 10 kPa, 100 kPa oder

1000 kPa realisiert. Die Prüftemperatur hängt vom Material bzw. dem Einsatzgebiet und den technischen Anforderungen ab und sollte in °C angegeben werden und ein Vielfaches von 5 sein. Die Verblockung unter den gewählten Temperatur- und Druckbedingungen sollte für 1 h aufrechterhalten bleiben. Nach einer Abkühlung auf Raumtemperatur werden die verblockten Proben für 15 min im Normklima (23/50) gelagert. Die nicht verblockten Enden der Proben werden in die Backen einer Zugprüfmaschine mit einer Einspannlänge von 100 mm eingespannt und auf Scherung beansprucht. Mit 100 mm/min Prüfgeschwindigkeit wird die Kraft gemessen, die zum Trennen der Proben notwendig ist. Sehr dehnfähige Proben können mit 12 mm breiten Klebebandstreifen (von außen aufgebracht) verstärkt werden. [36]

Längenangaben in mm

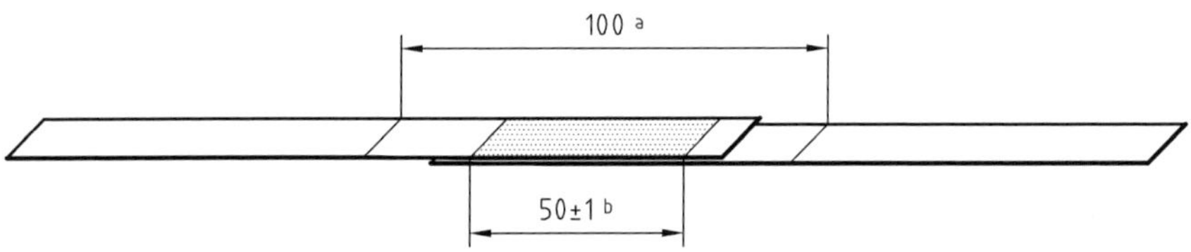

Legende

a Einspannlänge

b verblockte Länge

Bild 14: Probenanordnung zur Bestimmung der Blockkraft

1.2.1.4 Bestimmung der Benetzungsspannung nach DIN ISO 8296

Die Bestimmung der Benetzungsspannung ist von großer Bedeutung, wenn Folien beschichtet, bedruckt oder verklebt werden sollen. Durch Oberflächenvorbehandlungsverfahren wie die Ozondusche, das Coronaverfahren oder die Plasmavorbehandlung an Kunststoffoberflächen wird die Oberflächenspannung erhöht und damit die Benetzbarkeit und Haftung von aufgebrachten Schichten verbessert. Aus den Flüssigkeiten Ethylenglycolmonoethylether, Formamid, Methanol und Wasser werden nach Tabelle 2 Prüfmischungen angesetzt und in braunen Glastropfflaschen aufbewahrt. Mit einem Pinsel oder einem Wattestäbchen wird eine Spur mit der Prüfmischung einer bestimmten Benetzungsspannung gezogen. Dabei ist der sich ausbildende Flüssigkeitsfilm zu beobachten und die Zeitdauer zu notieren, bei der der Flüssigkeitsfilm in Tröpfchen aufbricht. Bleibt der Flüssigkeitsfilm mehr als 2 s erhalten, wird an einer anderen Stelle des Probekörpers oder einer anderen Probe eine Prüfmischung mit der nächsthöheren Oberflächenspannung aufgetragen. Die Prüfung mit Steigerung der Oberflächenspannung wird so lange wiederholt, bis ein Aufbrechen des Flüssigkeitsfilms in Tropfen in weniger als 2 s zu beobachten ist. Wird das Aufbrechen des Flüssigkeitsfilms erkannt, wird mit Mischungen mit niedrigerer Oberflächenspannung weitergeprüft, bis die Mischung gefunden wird, bei der der Flüssigkeitsfilm 2 s lang stabil bestehen bleibt. Notiert und ausgewertet wird die Oberflächenspannung des Mischungsverhältnisses, bei dem die Bedingung der Benetzung für 2 s am besten erfüllt ist. Eine dreimalige Wiederholung mit der gleichen Mischung ist notwendig. [37]

Tabelle 2: Prüfmischungen zur Bestimmung der Benetzungsspannung

Benetzungs-spannung mN/m	Ethylenglycol-monoethylether ml	Formamid ml	Methanol ml	Wasser ml
22,6			100,0	0
25,4			90,0	10,0
27,3			80,0	20,0
30,0	100,0			
31,0	97,5	2,5		
32,0	89,5	10,5		
33,0	81,0	19,0		
34,0	73,5	26,5		
35,0	65,0	35,0		
36,0	57,5	42,5		
37,0	51,5	48,5		
38,0	46,0	54,0		
39,0	41,0	59,0		
40,0	36,5	63,5		
41,0	32,5	67,5		
42,0	28,5	71,5		
43,0	25,3	74,7		
44,0	22,0	78,0		

Benetzungs-spannung mN/m	Ethylenglycol-monoethylether ml	Formamid ml	Methanol ml	Wasser ml
45,0	19,7	80,3		
46,0	17,0	83,0		
48,0	13,0	87,0		
50,0	9,3	90,7		
52,0	6,3	93,7		
54,0	3,5	96,5		
56,0	1,0	99,0		
58,0		100,0		
59,0		95,0		5,0
60,0		80,0		20,0
61,0		70,0		30,0
62,0		64,0		36,0
63,0		50,0		50,0
64,0		46,0		54,0
65,0		30,0		70,0
67,0		20,0		80,0
70,0		10,0		90,0
73,0				100,0

1.2.1.5 Bestimmung des Reibungskoeffizienten nach DIN EN ISO 8295

Der Reibungskoeffizient von Folien gegenüber Metalloberflächen ist bei der Verarbeitung von Folien beim Gleiten an Umlenkelementen oder Formschultern von Bedeutung. Hierbei sind oft geringe Reibungskoeffizienten gewünscht. Darüber hinaus kann der Reibungskoeffizient von Folien gegeneinander, z.B. bei Stapeln von Kunststoffsäcken auf Paletten, von besonderem Interesse sein. Bei diesen Anwendungsfällen werden hohe Reibbeiwerte gefordert, um ein Verrutschen der Ladung zu vermeiden.

Der Reibungskoeffizient oder die Reibungszahl ist das Verhältnis aus Reibungskraft zwischen zwei Flächen und der wirkenden Normalkraft (in der Regel die Gewichtskraft), die senkrecht zu den beiden aufeinanderliegenden Flächen steht. Die Ermittlung des Reibungskoeffizienten erfolgt durch ein Mess- bzw. Prüfgerät, bei dem ein quadratischer Prüfkörper mit einer Kontaktgrundfläche von 40 cm^2 (Kantenlänge 63 mm) und einer Masse von 200 g (Normalkraft 1,96 N) über die auf einer ebenen Unterlage (Tisch) gespannte Probe gezogen wird (s. Bild 15). Die zum Ziehen benötigte Kraft stellt die Reibkraft dar. Der Prüfkörper kann aus einem Metall wie Edelstahl oder Messing bestehen und damit das Reibverhalten von Folien zu Maschinenteilen simulieren. Soll der Reibungskoeffizient zwischen zwei Folien ermittelt werden, wird auf die Unterseite des Prüfkörpers, die mit einem elastischen Material wie Filz oder dünnem Schaumstoff belegt ist, ein Probestück der Folie gespannt. Auf den Tisch wird die Probe z.B. mit doppelseitigem Klebeband oder Spannschienen befestigt. Die Bewegung, die zur Reibung führt, kann entweder durch die Bewegung des Tisches oder durch Ziehen am Prüfkörper erfolgen. Meist wird eine Geschwindigkeit von 100 mm/min angesetzt.

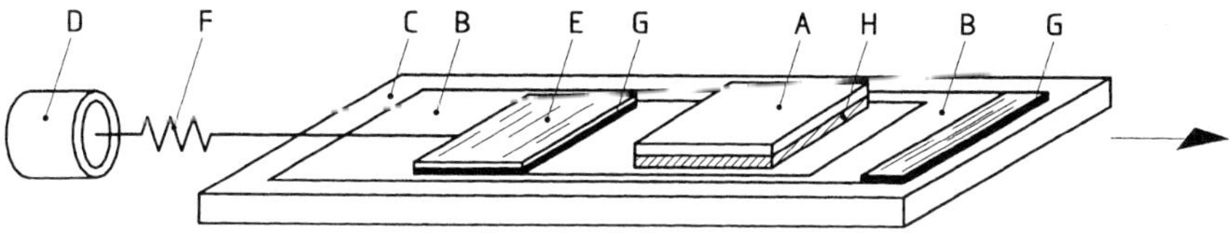

Legende

A	Schlitten	E	Verstärkungsplatte
B	Proben	F	Feder
C	beweglicher Tisch	G	doppelseitiges Klebeband
D	Kraftmessdose	H	Filz

Bild 15: Schema eines Prüfgerätes zur Bestimmung des Reibungskoeffizienten mit beweglichem Tisch

Im Ergebnis der Messung wird der dimensionslose Reibungskoeffizient als statischer Reibungskoeffizient μ_S oder dynamischer Reibungskoeffizient μ_D angegeben. [38]

1.2.2 Festigkeitseigenschaften von Kunststoff-Folien

1.2.2.1 Allgemeine Hinweise

Das mechanische Verhalten der Kunststoffe ist von vielen Einflussgrößen abhängig: der Geschwindigkeit der Verformung, der Zeitdauer und Häufigkeit einer Belastung, der Geometrie der Probekörper, den Prozessparametern bei der Herstellung der Probekörper und den Umweltbedingungen, vor allem der Temperatur. Zur Charakterisierung des mechanischen Verhaltens von Kunststoffen wird oft der Zusammenhang zwischen der Spannung s und der daraus resultierenden Dehnung e bzw. der auf ein Formteil wirkenden Kraft F und der daraus resultierenden Verformung DL durch den Zugversuch ermittelt. Dieser kann im Gegensatz zum Biegeversuch auch an Probekörpern aus weichen Kunststoffen, wie z. B. Elastomeren, durchgeführt werden. [39]

1.2.2.2 Bestimmung der Zugeigenschaften nach DIN EN ISO 527-1

Im Zugversuch nach DIN EN ISO 527 werden stabförmige Probekörper mit konstanter, in der Prüfnorm vorgeschriebener Geschwindigkeit gedehnt und dabei die Kraft F mit der Längenänderung DL der Messstrecke L_0 aufgezeichnet. Aus der Kraft wird bei Division durch den ursprünglichen Querschnitt A_0 des Probekörpers die Spannung s in N/mm^2 und aus der Längenänderung bei Division durch die Ursprungslänge der Messstrecke L_0 die Dehnung e in % bestimmt. Bild 16 zeigt typische Spannungs-/Dehnungskurven. [40]

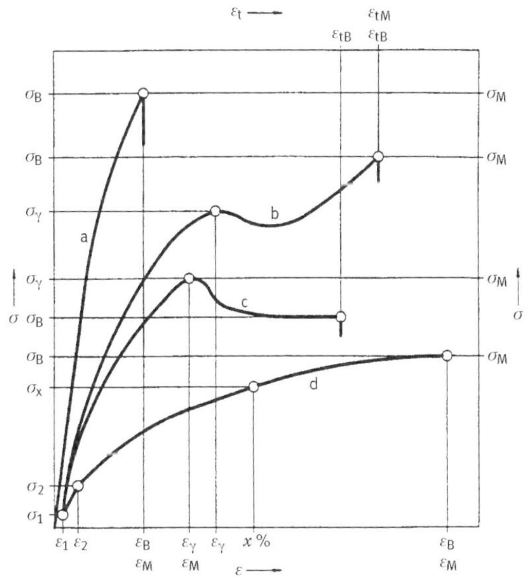

Legende

Kurve a	spröde Werkstoffe
Kurven b und c	zähe Werkstoffe mit Streckpunkt
Kurve d	zähe Werkstoffe ohne Streckpunkt

E = Zug-Elastizitätsmodul
ε_B = Bruchdehnung
σ_B = Bruchspannung
ε_Y = Streckdehnung
σ_Y = Streckspannung
ε_{tB} = nominelle Bruchdehnung

Bild 16: Spannungs-/Dehnungskurven verschiedener Kunststoffe

1.2.2.3 Bestimmung der Biegeeigenschaften nach DIN EN ISO 178

Der Biegeversuch wird oft nur bei langfaserverstärkten Kunststoffen zur Ermittlung von Festigkeitskennwerten, z. B. auch der interlaminaren Scherfestigkeit, bei der Schubversagen in der neutralen Faser auftritt, durchgeführt. Außer bei den mit hohen Faseranteilen verstärkten Kunststoffen tritt unter Druckspannung kein Versagen auf. Deshalb wird auch der Druckversuch bei Kunststoffen nur ausnahmsweise angewendet: Stark unaxial verstärkte Kunststoffe können unter Druckspannung durch Delaminierung versagen. An solchen Produkten wird der Druckversuch in der Art durchgeführt, dass ein schlanker Probekörper seitlich abgestützt und dadurch am Ausknicken gehindert wird.

Im Biegeversuch werden balkenförmige Probekörper vorzugsweise mit den Abmessungen 80 mm × 100 mm × 4 mm an den Enden auf zwei Auflagen gelegt und in der Mitte mit einem Biegestempel belastet (s. Bild 17). Aus den ermittelten Kräften und Durchbiegungen kann die Biegespannung s_B errechnet werden. [41]

$$\sigma_B = \frac{3 \times F \times l}{2 \times b \times h^2} \qquad (8)$$

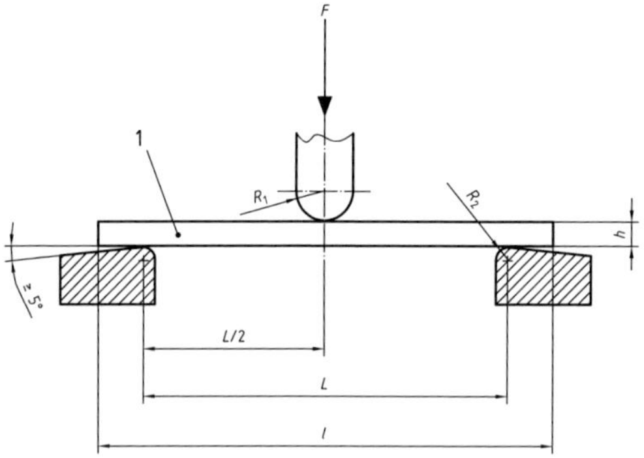

Legende

1 Probekörper
F aufgebrachte Kraft
R_1 Radius der Druckfinne
R_2 Radius der Auflager
h Dicke des Probekörpers
L Länge des Probekörpers
l Auflagedistanz

Bild 17: Schematische Darstellung der Bestimmung der Biegeeigenschaften

1.2.2.4 Bestimmung der Druckeigenschaften nach DIN EN ISO 604

Gemäß der Prüfvorschrift ist ein genormter Prüfkörper festgelegt. Dessen Länge kann variiert werden, sodass eine Beeinflussung der Ergebnisse durch ein Knicken unter Last vermieden wird. Das Verfahren wird für die Untersuchung des Druckverhaltens der Probekörper und für die Bestimmung der Druckfestigkeit, des Druckmoduls und anderer Gesichtspunkte der Druckspannungs-Stauchungs-Beziehung unter den definierten Bedingungen verwendet.

Der Probekörper wird parallel zu seiner Hauptachse mit konstanter Geschwindigkeit gestaucht, bis er bricht oder die Spannung oder Längenabnahme einen vorgegebenen Wert erreicht hat. Während des Vorgangs wird die von dem Probekörper aufgenommene Kraft gemessen. [42]

1.2.2.5 Bestimmung der Schrumpfkraft nach DIN 53369

Die Prüfung nach dieser Norm dient dazu, die bei Kunststoff-Folien auftretende Schrumpfkraft zu bestimmen. Die Schrumpfkraft ist von der Wärmeeinwirkung abhängig (Temperatur und Zeit). Nur wenn Schrumpfkraft-Messwerte bei verschiedenen Temperaturen und verschiedenen Zeitspannen ermittelt und Schrumpfungsmessungen durchgeführt werden, ist eine umfassende Beurteilung des Schrumpfverhaltens möglich.

Schrumpfkraft im Sinne der Prüfvorschrift ist die Kraft, die während und nach Einwirken von Wärme auf einen bestimmten Probekörper von diesem ausgeübt wird, wenn er an zwei Enden so eingespannt ist, dass er sich nicht verkürzen kann (s. Bild 18). [43]

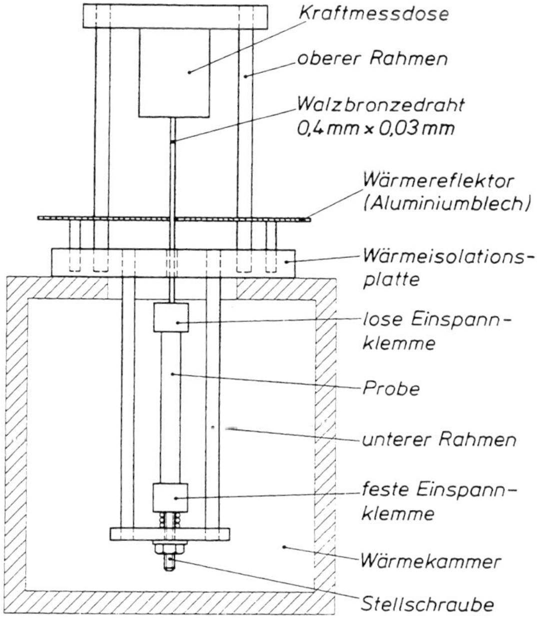

Bild 18: Prüfanordnung zur Bestimmung der Schrumpfkraft (Prinzipdarstellung)

1.2.2.6 Weiterreißversuch an trapezförmiger Probe nach DIN 53363

Diese Norm legt ein Prüfverfahren zur Bestimmung des Widerstandes, den eine Kunststoff-Folie unter festgelegten Bedingungen dem Weiterreißen entgegensetzt, fest. Bedeutung hat das Weiterreißverhalten von Kunststoff-Folien einerseits bei Verarbeitungsprozessen, bei denen eine Beschädigung der Kante der Folienbahn nicht sofort zum Abriss der ganzen Bahn führen soll. Andererseits ist eine geringe Weiterreißfestigkeit bei Beuteln bzw. Säcken von großer Bedeutung. Dabei wird durch gestanzte Kerben oder Einschnitte an der Kante des Packmittels eine Öffnungshilfe vorgesehen und durch ein leichtes Weiterreißen die Öffnung des Beutels ermöglicht.

Die Probe des Packstoffes ist gemäß der Schablone (s. Bild 19) vorzubereiten und in die obere und untere Einspannklemme der Zugprüfmaschine einzuspannen. Dabei sollen die Marken (hergestellt durch Ritzen oder Markierstift) mit den Kanten der Einspannklemmen möglichst genau zusammenfallen. Die Probe wird durch einen 25 mm langen Einschnitt in der Mitte definiert vorgeschädigt. Die Prüfgeschwindigkeit beträgt 100 mm/min ± 10 mm/min. Die angezeigte Höchstkraft wird dokumentiert. [44]

Längenangaben in mm

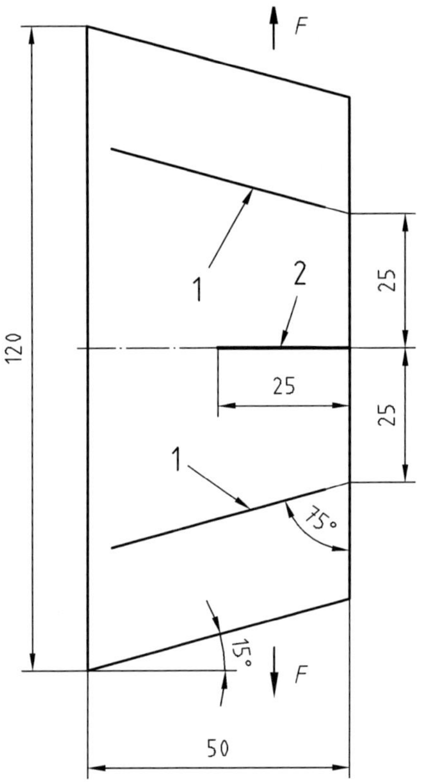

Legende

1 Marken für Einspannklemmen

2 Einschnitt

F Kraft

Bild 19: Schablone zur Herstellung der Proben für den Weiterreißversuch

1.2.2.7 Bestimmung der Reißfestigkeit (Hosenreiß-Verfahren) nach DIN EN ISO 6383-1

Das nachfolgend beschriebene Verfahren zur Bestimmung der Reißfestigkeit dient im Wesentlichen wie das unter 1.2.2.6 beschriebene Verfahren zur Bestimmung der Eigenschaftswerte von Kunststoff-Folien im Rahmen der Qualitätskontrolle und der Formulierung von Anforderungen für Forschung und Entwicklung.

Ein rechteckiger Probekörper mit den Maßen 150 mm × 50 mm wird mit einem Längsschnitt von 75 mm Länge auf der Hälfte der Probenbreite vorbereitet. Die eingeschnittene Probe wird gemäß Bild 20 in die Zugprüfmaschine eingespannt. Die Kraft-Zeit-Messung des Weiterreißens ergibt einen Kurvenverlauf analog zu dem in Bild 21 gezeigten Verlauf. Die mittlere Kraft, die notwendig ist, um die Probe in der ganzen Länge weiterzureißen, wird als Weiterreißwiderstand des Materials berechnet. [45]

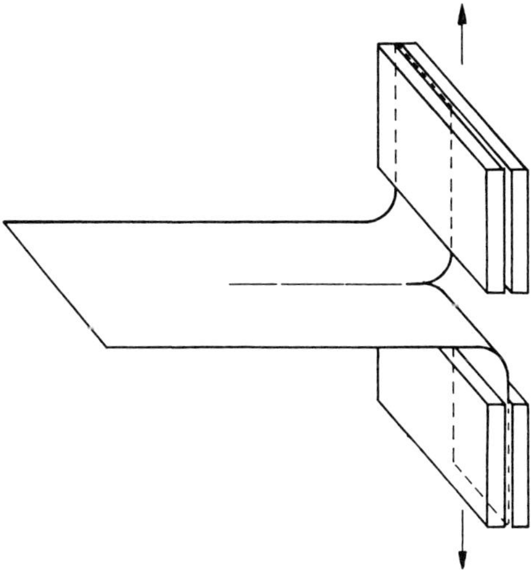

Bild 20: Art der Einspannung des Probekörpers in Klemmen beim Hosenreiß-Verfahren

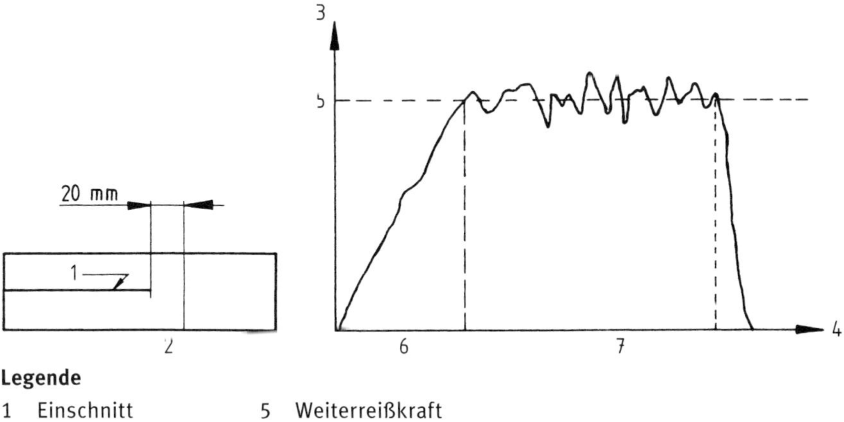

Legende

1 Einschnitt
2 Markierungen
3 Kraft
4 Zeit
5 Weiterreißkraft
6 erste 20 mm unbeachtet
7 weitere 50 mm Weiterreißen

Bild 21: Kraft-Zeit-Darstellung des Prüfvorganges beim Hosenreiß-Verfahren

1.2.2.8 Bestimmung der Schlagfestigkeit nach dem Fallhammerverfahren nach DIN EN ISO 7765-1

Diese Prüfvorschrift legt Verfahren zur Bestimmung der Schädigungsarbeit fest, die unter festgelegten Aufprallbedingungen eines aus vorgeschriebener Höhe frei fallenden Durchstoßkörpers eine Schädigung von 50 % der geprüften Probekörper ergäbe. Das Verfahren wird vorzugsweise für Kunststoff-Folien mit einer Dicke bis 1 mm zu deren Charakterisierung verwendet. Es werden zwei Prüfverfahren beschrieben:

Beim Verfahren A wird ein Durchstoßkörper mit halbkugelförmigem Kopf von (38 ± 1) mm Durchmesser benutzt, der aus einer Höhe von (0,66 ± 0,01) m fallen gelassen wird. Dieses Verfahren kann auf Materialien angewendet werden, deren Schlagfestigkeit bis zur Schädigung Massen von etwa 0,05 kg bis etwa 2 kg erfordert.

Beim Verfahren B wird ein Durchstoßkörper mit halbkugelförmigem Kopf von (50 ± 1) mm Durchmesser benutzt, der aus einer Höhe von (1,50 ± 0,01) m fallen gelassen wird. Der Anwendungsbereich dieses Verfahrens erstreckt sich auf Massen von etwa 0,3 kg bis etwa 2 kg. [46]

1.2.2.9 Bestimmung der Durchstoßfestigkeit nach DIN EN 14477

Die Bestimmung der Durchstoßfestigkeit nach diesem Verfahren dient der Charakterisierung eines flexiblen Packstoffes, bei dem eine Durchstichfestigkeit, wie z. B. beim Verpacken von Fleischerzeugnissen mit anhaftenden Knochen, gefordert wird. Das Verfahren ist für mehrlagige flexible Packstoffe anwendbar.

Eine Prüfprobe des flexiblen Packstoffes wird in einen Probenhalter eingespannt. Die Klemmvorrichtung ist so gestaltet, dass der Innendurchmesser 10 mm beträgt. Ein Messfühler mit einer abgerundeten Spitze (Abrunderadius 0,4 mm) durchstößt die Prüfprobe mit einer konstanten Geschwindigkeit. Die zum Durchstoßen notwendige Kraft und Dehnung werden aufgezeichnet. [47]

1.2.3 Verhalten gegenüber Gasen und Lösemitteldämpfen

1.2.3.1 Bestimmung der Wasserdampfdurchlässigkeit nach DIN EN ISO 15106-3

Die Wasserdampfbarriere von Kunststoff-Folien bzw. Folienverbunden ist für das Verpacken sowohl von trockenem, vor Feuchtigkeitsaufnahme zu schützendem Packgut als auch für Packgut, das vor dem Austrocknen zu bewahren ist, von Bedeutung. Ermittelt wird die Wasserdampfdurchlässigkeit unter Verwendung einer Gastransmissionszelle, bei der die Probe als Membran einen feuchtegeregelten Kammerteil von einem mit einem trockenen Trägergas durchströmten Kammerteil trennt. Der durch die Probe permeierende Wasserdampf wird vom trockenen Trägergas aufgenommen und an eine Elektrolysezelle geleitet. Die Masse des Wasserdampfes wird je Zeiteinheit in ein elektrisches Signal gewandelt und zur Anzeige gebracht. Die Maßeinheit der Wasserdampfdurchlässigkeit ist $g/(m^2 \times 24\ h)$.

Geräte zur Bestimmung der Wasserdampfdurchlässigkeit von flexiblen Packstoffen sind in der Regel dazu geeignet, die Wasserdampfdurchlässigkeit von Packmitteln zu ermitteln. Zu diesem Zweck werden die Packmittel in einem Exsikkator einer relativen Luftfeuchte von 85 % ausgesetzt. Durch das Packmittel wird über gasdicht eingebrachte Kupferrohrleitungen das trockene Trägergas eingeleitet und zur Elektrolysezelle weitergeleitet. [48]

1.2.3.2 Bestimmung der Gasdurchlässigkeit nach DIN 53380

Die Dichtigkeit gegenüber Sauerstoff ist für eine Vielzahl von Packgütern, die durch Sauerstoffaufnahme einen Qualitätsverlust (z. B. Fettoxidation, Vitaminabbau) erfahren, von Bedeutung. Die Bestimmung der Sauerstoffdurchlässigkeit wird sowohl für flexible Packstoffe als auch für Packmittel in ähnlicher Weise wie die Bestimmung der Wasserdampfdurchlässigkeit (s. o.) durchgeführt. Als Trägergas in dem einen Kammerteil wird Stickstoff verwendet. In den zweiten von der Folienprobe getrennten Kammerteil bzw. bei der Packmittelprüfung wird Sauerstoff in den äußeren Behälter geleitet. Der durch die Probe (Folie oder Packmittel) permeierende Sauerstoff wird vom Trägergas zu einem sauerstoffempfindlichen elektrochemischen Sensor geleitet. Die Angabe der Sauerstoffdurchlässigkeit bei Folien erfolgt in $cm^3/(m^2 \times 24\ h)$ und für Packmittel in $cm^3/24\ h$. In Bild 22 ist der Aufbau einer Messanordnung für Packmittel dargestellt. [49]

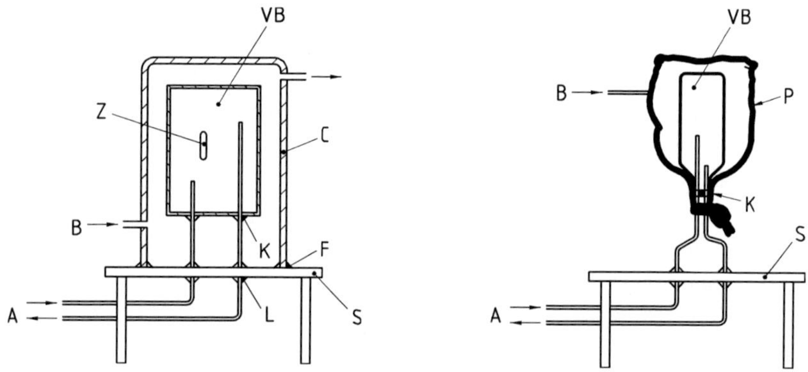

Legende

VB Probekörper (Verpackungsbehältnis)
Z Entnahmeöffnung für das Füllgut, nach Entnahme verschlossen
C Glocke aus Glas oder Metall
B O_2- bzw. Trägergaszuleitung
K Klebstoffabdichtung der Metallrohre der Trägergas-Zu- und -Ableitung mit dem Verpackungsbehältnis
F Exsikkatorenfett zur Abdichtung
L Gasdicht eingelötete Metallrohre der Trägergasleitungen in der Grundplatte
S Grundplatte mit Standfüßen
A Zu- und Ableitung des Trägergases
P Kunststoff-Folienhülle

Bild 22: Schematische Anordnung für die Messung der Sauerstoffdurchlässigkeit an Packmitteln

1.2.3.3 Bestimmung der Restlösemittel durch statische Dampfraumanalyse mittels Gaschromatografie nach DIN EN 13628

Werden bei der Herstellung von Folien für Einschläge und Einwickler oder Beutel Druckfarben, Lacke oder Kaschierklebstoffe verwendet, die Lösemittel enthalten, ist die Bestimmung des Restlösemittelgehaltes ein Bestandteil der Qualitätsprüfung. Aufgrund der Tatsache, dass das Probenmaterial mit der Umgebungsluft kontaminieren und/oder ein Verlust der flüchtigen Lösemittel eintreten kann, muss bei der Probennahme große Sorgfalt vorherrschen. Von einer Rolle müssen mehrere Lagen des Packstoffes als kompakter Block entnommen werden und dicht in Aluminiumfolie verpackt werden. Zur Prüfung werden die Prüfproben aus den Mittellagen des Blockes entnommen und mit einer festgelegten Fläche (z. B. 50 cm^2) ausgestanzt und schnell zusammengerollt, in ein Probenfläschchen gegeben und hermetisch verschlossen. Die Probenfläschchen werden für eine festgelegte Zeit und bei einer festgelegten Temperatur (z. B. 20 min bei 90° C) thermostatisiert. Aus dem Dampfraum des

Probenfläschchens wird manuell oder automatisch eine definierte Gasmenge entnommen und auf eine gaschromatische Säule gegeben. Die Analyse der Restlösemittelmenge und -bestandteile erfolgt in der Regel mit einem Flammenionisationsdetektor und über die Retentionszeit (Verweilzeit). [50]

1.2.4 Verhalten von Kunststoffen gegenüber Chemikalien und künstlicher Bewitterung

1.2.4.1 Prüfverfahren zur Bestimmung des Verhaltens gegen flüssige Chemikalien nach DIN EN ISO 175

Kunststoffe in Form von Folien, Etiketten oder Packmitteln wie Flaschen und Kanister können mit Chemikalien in Berührung kommen und dabei Farb-, Glanz- oder Festigkeitsveränderungen erfahren. Die Probekörper des zu untersuchenden Kunststoffes werden für eine festgelegte Dauer und Temperatur in die Prüfflüssigkeit (Laborchemikalie, Lösemittel, Mineralöl, Olivenöl o.Ä.) getaucht. Nach der Lagerzeit werden die Probekörper aus der Prüfflüssigkeit entnommen, von anhaftender Prüfflüssigkeit befreit und gegebenenfalls getrocknet bzw. klimatisiert. Ermittelt werden:

- die Veränderung der Masse, der Maße, des Aussehens nach Lagerung sowie nach Lagerung und Trocknung,
- die physikalischen Eigenschaften nach Lagerung sowie nach Lagerung und Trocknung
- oder die Menge der aufgenommenen Flüssigkeit. [51]

1.2.4.2 Bestimmung der Weichmacherabgabe – Aktivkohleverfahren nach DIN EN ISO 176

Weichmacher sind Zusatzstoffe in Kunststoffen, die die Verarbeitbarkeit des Kunststoffes oder die Verwendung der aus dem Kunststoff hergestellten Packmittel verbessern sollen. Zur Bestimmung der Weichmacherabgabe nach dem Aktivkohleverfahren kommen zwei verschiedene Verfahren zum Einsatz. Im Verfahren A sind die Probekörper in Kontakt zur Aktivkohle (bevorzugt für relativ niedrige Temperaturen, z.B. 70° C). Im Verfahren B sind die Probekörper, durch Drahtkörbe gehalten, nicht in direktem Kontakt zur Aktivkohle (Temperatur z.B. 100° C). In beiden Verfahren werden die Probekörper nach einer Konditionierung (z.B. Normklima) auf 0,001 g gewogen. Nach der 24-stündigen Lagerung im Wärmeschrank werden die Probekörper erneut konditioniert und gewogen. Die entstandene Masseänderung jedes Probekörpers wird in Prozent der Ausgangsmasse angegeben. [52]

1.2.4.3 Bestimmung der Migration von Weichmachern nach DIN EN ISO 177

Die Migration von Weichmachern aus Kunststoffen in Lebensmittel kann nicht ausgeschlossen werden und hängt von der Art des Lebensmittels ab. Um die Neigung der Migration aus Kunststoffen in Füllgüter zu ermitteln, wird je ein Probekörper mit einem Durchmesser von 50 mm zwischen zwei absorbierende Kontaktscheiben mit einem Durchmesser von 60 mm gegeben. Vor der Prüfung werden Probekörper und Kontaktscheiben konditioniert und die Masse bestimmt. Der „Sandwich-Aufbau" wird zwischen zwei Glasplatten mit einem Gewichtsstück von 5 kg belastet in einem Wärmeschrank gelagert. Nach 24 h werden die Probekörper und die absorbierenden Kontaktscheiben erneut konditioniert und die Masseänderung ermittelt. Für jede Prüfung müssen neue absorbierende Kontaktscheiben (z. B. Normgummi, Polyethylen ohne Zusatzstoffe oder weichmacherfreies Polyvinylacetat) verwendet werden. Ein Fortschreiten der Migration kann als Funktion der Zeit in Tagen oder Wochen ermittelt werden. [53]

1.2.4.4 Künstliches Bestrahlen oder Bewittern in Geräten nach DIN EN ISO 4892

Kunststoffe zeigen nach Einwirkung von Sonneneinstrahlung und durch Einfluss von Regen Veränderungen hinsichtlich ihrer optischen oder auch mechanischen Eigenschaften. Diese Veränderungen laufen zum Teil langsam ab. Um den Einfluss und die daraus entstehenden Veränderungen der Kunststoffe reproduzierbar nachzubilden, werden Probekörper in Geräten gelagert, die mit einer Xenonbogenlampe ausgestattet sind. In diesen Geräten wird eine deutlich höhere Bestrahlungsstärke als in der Natur erreicht und damit ein Zeitraffereffekt verwirklicht. Die Geräte sind mit verschiedenen optischen Filtern, einer Temperaturregelung und einem Bestrahlungsmessgerät ausgerüstet. Weiterhin können sie Zusatzeinrichtungen zur Feuchteregulierung oder zum Benässen der Probekörper enthalten. Die Probekörper werden in Abhängigkeit von den Einsatzbedingungen gewählten Belastungszeiten in den Geräten ausgesetzt. Dabei können Tag-Nacht-Zyklen oder Besprüh- und Trockenzeiten vorgesehen werden. Parallel dazu werden Prüfkörper der gleichen Probe abgedunkelt gelagert. Die den Belastungen ausgesetzten und die abgedunkelt gelagerten Proben werden auf Unterschiede im Aussehen (z. B. Farbe oder Glanz) oder in der Festigkeit (z. B. Zugfestigkeit) untersucht. [54]

2 Packmittelprüfung

Eugen Herzau

Packmittel können aus den verschiedenen Packstoffen hergestellt und in unterschiedlichen Konstruktionen angeboten werden. Die Vielzahl von Packmitteln lasst sich nach ihren Festigkeitseigenschaften in drei Gruppen einteilen:

- flexible Packmittel: Einschlag, Einwickler, Beutel, Tüte, Sack
- verformbare Packmittel: Tube
- formstabile Packmittel: Schachtel, Becher, Flasche, Dose, Kanister, Fass, Hobbock, Trommel.

2.1 Einschläge und Einwickler

Einschläge und Einwickler sind Packmittel, die vorzugsweise für das Verpacken von Stückgut verwendet werden. Die Unterscheidung erfolgte nach DIN 55405.

Ein Einschlag ist ein vorgefertigter oder von der Rolle abgelängter Zuschnitt eines Packstoffes zum manuellen oder maschinellen, vollständigen oder teilweisen Umhüllen von Packgütern oder Packungen.

Ein Einwickler ist ein vorgefertigter oder von der Rolle abgelängter Zuschnitt eines Packstoffes zum manuellen oder maschinellen Einwickeln des Packgutes. [55]

Zur Charakterisierung der zum Einsatz kommenden Packstoffe werden in der Regel folgende Kenngrößen ermittelt:

- flächenbezogene Masse
- Dicke
- Zugfestigkeit und Dehnung
- Biegesteifigkeit
- Reibkoeffizient

  Rauigkeit oder Glätte
- Wasserabsorption
- Opazität

2.2 Beutel, Tüten, Säcke

Tüten, Beutel und Säcke werden für das Verpacken von kleinen Stückgütern, rieselfähigem Schüttgut, pastösem oder flüssigem Füllgut verwendet.

Beutel sind flexible, vollflächige, raumbildende Packmittel, in der Regel mit einer Zuschnittsfläche unter 2700 cm^2.

Tüten sind aus einem Zuschnitt gefertigte, dreieckige Beutel mit einer Längsnaht. Werden Tüten aus Kunststoff-Folien gefertigt, sind auch Varianten aus zwei Bahnen mit zwei Nähten gefertigt möglich.

Säcke sind flexible, vollflächige, beim Befüllen raumbildende Packmittel aus Papier, Folien, Geweben oder Materialkombinationen mit einem Umfang von mindestens 360 mm. [55]

2.2.1 Prüfung an Nähten von Säcken nach DIN 55445

2.2.1.1 Bestimmung der Bruchstandzeit von Nähten an Papiersäcken

Diese Prüfung wird durchgeführt, um die Bruchstandzeit von Klebestellen (Leimnaht) von Papiersäcken im nassen Zustand bei konstanter Scherbeanspruchung zu beurteilen. Dabei wird die senkrecht eingespannte Probe in ein Wassergefäß abgesenkt und so lange mit einem Massestück von 250 g belastet, bis die Klebung versagt (s. Bild 23). Die Nassbruchzeit ist ein Maß für die Haltbarkeit der Klebung. Je größer die Zeit bis zum Versagen der Klebung ist, umso höher ist die Haltbarkeit der Verklebung. [56]

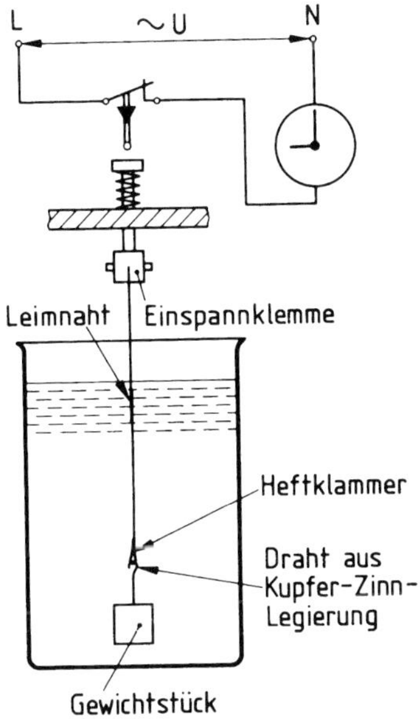

Bild 23: Schematische Darstellung der Messung der Bruchstandzeit von Nähten

2.2.1.2 Bestimmung der Bruchstandzeit von Nähten an Kunststoffsäcken

Diese Prüfung dient der Beurteilung von Schweiß- und Klebenähten an Kunststoffsäcken unter statischer Belastung. Dabei wird die senkrecht eingespannte Probe so lange mit einem Gewichtstück belastet, bis entweder ein Schälbruch, ein Scherbruch oder ein Randbruch eintritt. Dabei stellt der Schälbruch den Bruch durch Aufschälen der Naht, der Scherbruch den Bruch durch Abscheren der Naht und der Randbruch den Folienbruch am Rand der Naht dar (s. Bild 24).

Die Bruchstandzeit dient als Maß für die Haltbarkeit der Klebung. Je größer der Zeitwert bis zum Versagen der Klebung, umso belastbarer ist die Klebestelle. [56]

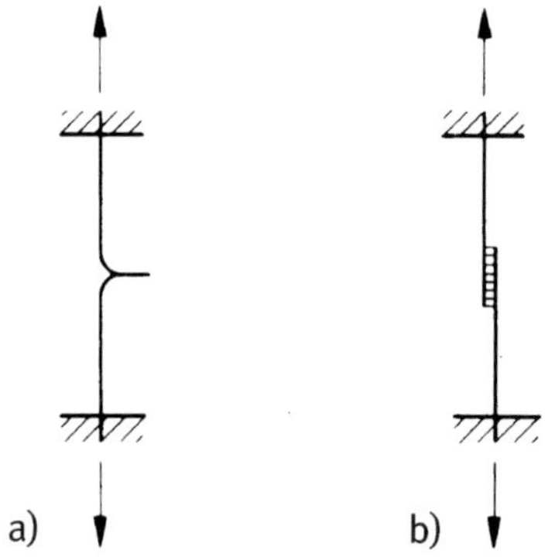

Legende
a) schälende Beanspruchung
b) scherende Beanspruchung

Bild 24: Schematische Darstellung der Beanspruchungsarten der Nähte nach DIN 55445-2

2.2.2 Bestimmung des Schälwiderstandes von Klebenähten an Säcken nach DIN 55543-2

Bei in Stapeln liegenden Säcken treten statische Belastungen auf. Diese führen einerseits zu einer Scherbeanspruchung, andererseits treten Schälbeanspruchungen an den Nähten auf. Die Scherbeanspruchung ist zu vernachlässigen, da diese größer oder gleich der Zugfestigkeit der Sackfolie ist. Um die Klebenähte beurteilen zu können, wird der Schälwiderstand bestimmt. Aus dem Boden des zu prüfenden Sackes sind Längs- und Querproben in 15 mm breiten Streifen zuzuschneiden. Diese werden in einer Zuprüfeinrichtung eingespannt. Der Schälversuch wird mit einer Vorschubgeschwindigkeit von 100 mm/min durchgeführt. [57]

2.2.3 Bestimmung der Festigkeit von Längsnähten an Beuteln und Säcken nach DIN 55543-3

Bei der Herstellung von ein- oder mehrlagigen Säcken und Beuteln aus Kunststoff-Folie, Kunststoff-Gewebe oder Laminaten kommen flach liegende Materialbahnen zum Einsatz. Aus den einzelnen Lagen wird ein Schlauch geformt, der durch Nähte in Längsrichtung verbunden wird. Gemessen wird die Nahtfestigkeit an fünf jeweils 15 mm (Kunststoff-Folie oder Laminat) bzw. 50 mm (Kunststoff-Gewebe) breiten Proben als Maximalkraft bei einer Scherbelastung bis zum Bruch der Probekörper. Gemessen werden Proben des zu prüfenden Materials, bei denen sich die Längsnaht in der Mitte des Probekörpers befindet. Außerdem sind aus dem Probekörper Prüfkörper in gleicher Art und Richtung unmittelbar daneben zu entnehmen und zu prüfen. [58]

2.2.4 Bestimmung der Siegelnahtfestigkeit von Siegelungen nach DIN 55529

Siegelnähte kommen zum Einsatz beim Herstellen und Verschließen von Verpackungen aus flexiblen Packstoffen wie Kunststoff, Verbundmaterialien, Aluminiumfolien und Papier. Das Siegeln ist eine Sonderform des Klebens, bei dem der Klebstoff in Form einer Siegelschicht partiell oder vollflächig auf dem Packstoff durch Beschichten aufgebracht oder durch Coextrusion erzeugt wurde. Siegelschichten können als Heißsiegelschichten (Siegeltemperaturen $> 100°$ C) oder als Kaltsiegelschichten (Siegelung durch Druck bei Raumtemperatur) ausgebildet sein. Beim Siegeln der typischen Flossennähte werden die Innenseiten des Packstoffes gegeneinander gesiegelt.

Die Bestimmung der Siegelnahtfestigkeit von Flossennähten erfolgt in einer Zugprüfmaschine mit geeigneter Auswertungssoftware durch Winkelschälung. Hierzu werden die durch die Siegelung miteinander verbundenen Packstofflagen mit einer konstanten Geschwindigkeit von 100 mm/min und konstantem Winkel von 90° aufgezogen (s. Bild 25). [59]

Während der Zugbelastung wird der Kraftverlauf in einem Kraft-Weg-Diagramm aufgezeichnet. Aus diesem Diagramm können die Anreiß-, Trenn- und die Maximalkraft entnommen werden. Zusätzlich werden die Bruchbilder unterteilt in:

- Adhäsionstrennung,
- Kohäsionstrennung,
- Abriss des Packstoffes neben der Naht,
- Riss innerhalb der Heißsiegelschichten,
- versiegelte Schichten lösen sich vom Trägermaterial und reißen dabei,
- versiegelte Schichten lösen sich vom Trägermaterial und reißen dabei nicht.

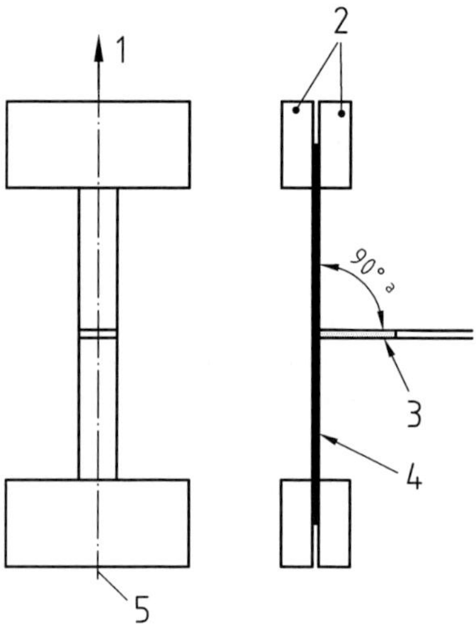

Legende
1 Zugrichtung
2 Spannbacken
3 Siegelung
4 Siegelstreifen
5 Zugachse

Bild 25: Schematische Darstellung der Messanordnung zur Bestimmung der Siegelnahtfestigkeit

2.2.5 Bestimmung der Dichtigkeit von Beuteln

Zur Bestimmung der Dichtigkeit von Beuteln werden verschiedene Verfahren eingesetzt, die sich nach den physikalischen Prinzipien wie folgt klassifizieren lassen:

- Prüfgasmethode mit Helium, Wasserstoff oder Kohlenstoffdioxid als Prüfgas,
- Differenzdruckmethode mit Ermittlung des Druckabfalls oder Lagerung bei Unterdruck,
- Durchflussmessung,
- Penetration mit Farb- und Kriechmitteln an den Nähten mit Rhodamin oder Methylenblau.

2.2.5.1 Prüfgasmethode

Bei der Dichtigkeitsprüfung von Beuteln nach der Prüfgasmethode werden die Beutel vor dem Verschließen mit dem Prüfgas gefüllt oder die bereits verschlossenen Beutel werden über eine Injektion mit dem Prüfgas beaufschlagt. Anschließend kann die Dichtigkeit in einer evakuierten Kammer, die mit einem Massenspektrometer verbunden ist, oder durch Handsensoren (Schnüffelsonde) ermittelt werden. Bei der Verwendung der evakuierten Kammer können quantitative Aussagen, d. h. Leckraten, ermittelt werden. Wesentliche Nachteile dieser Verfahren sind der höhere apparatetechnische Aufwand und die höhere Druckbelastung der Beutel. Mit den Handsensoren können nur qualitative Aussagen, d. h. das Vorhandensein von Undichtigkeiten, ermittelt werden. Vgl. auch [60]

2.2.5.2 Differenzdruckmethode mit Ermittlung des Druckabfalls

Auf den zu prüfenden Beutel wird ein Septum (selbstklebende Gummidichtscheibe mit Loch für Durchstechen der Nadel) aufgeklebt. Durch dieses Septum wird eine Hohlnadel in die Packung gestochen. Der Beutel wird mit einem definierten Überdruck (z. B. 100 mbar Überdruck) beaufschlagt und der über die Zeit entstehende Druckabfall wird als Undichtigkeit ermittelt. Eine Lokalisierung der undichten Stellen ist möglich, wenn der Beutel unter Wasser getaucht wird.

2.2.5.3 Differenzdruckmethode durch Lagerung bei Unterdruck

Der zu prüfende Beutel wird in einen mit Wasser befüllten, hermetisch verschließbaren Behälter gegeben. Durch Anlegen eines definierten Unterdrucks werden Undichtigkeiten durch austretende Blasen an den Beutelnähten lokalisiert. Der Unterdruck wird durch eine Vakuumpumpe erzeugt und über ein Regelventil eingestellt.

2.2.5.4 Durchflussmessung

Wie bei der Differenzdruckmethode mit Ermittlung des Druckabfalls wird der Beutel mit einem Septum versehen und mit einem definierten Überdruck beaufschlagt. Der aufgrund von Undichtigkeiten entstehende Druckabfall wird automatisch durch Nachfüllen ausgeglichen. Der dazu aufzubringende Volumenstrom des Füllgases (z. B. Luft) wird erfasst und ist ein Maß für den Durchfluss durch die undichten Nähte am Beutel.

2.2.5.5 Penetration mit Farb- und Kriechmitteln an den Nähten mit Rhodamin oder Methylenblau

Die Prüfung der Siegel- bzw. Klebenahtdichtigkeit an Beuteln unter Verwendung von Farb- und Kriechmitteln ist ein sehr einfaches und weitverbreitetes Verfahren. Dabei kommt in der Regel eines der beiden Prüfmittel Methylenblau oder Rhodamin (rotviolett) als Farbstoff in Wasser oder in einem Lösemittel vorliegend zum Einsatz. Das Farb- und Kriechmittel wird in den aufgeschnittenen Beutel gegeben. Nach einer Einwirkzeit von 10 min werden bei nichttransparenten Packstoffen die Nähte durch schälende Beanspruchung („peelen“) zerstört und das Eindringen der Prüfflüssigkeit visuell bewertet. Undichtigkeiten in Form von Kapillaren werden sehr gut erkannt. Bei transparenten Packstoffen ist der Kriechvorgang durch den Farbstoff auch ohne Zerstörung der Naht bereits sichtbar.

2.2.6 Öffnungskräfte an peelbaren flexiblen Packmitteln nach DIN 55409-1

Das Öffnen von Beuteln und flexiblen Thermoformverpackungen ohne die Verwendung von Hilfsmitteln wie Messer oder Schere wird durch Ritzungen unterhalb der Naht, durch Ripp-/Zipp-Verschlusssysteme, durch das Weiterreißverhalten der Folien in Kombination mit Kerben oder durch peelbare Nähte der Beutel bzw. flexible Thermoformverpackungen realisiert. Von den Verbrauchern wird das leichte Öffnungsverhalten durch peelbare Nähte positiv bewertet. Die Messung der Öffnungskräfte erfolgt unter Verwendung einer Zugprüfmaschine mit einer Prüfgeschwindigkeit von 600 mm/min und einem Aufreißwinkel von 180°. Dabei kann die Verpackung während der Messung mit der Hand gestützt werden, um einen Abzugswinkel von 90° der Folie bezogen auf die Naht zu gewährleisten. Die Laschen, die zum Öffnen der Verpackungen genutzt werden sollen, werden in 20 mm breite Klemmen mittig ausgerichtet und eingespannt (siehe Bild 26 und Bild 27). [61]

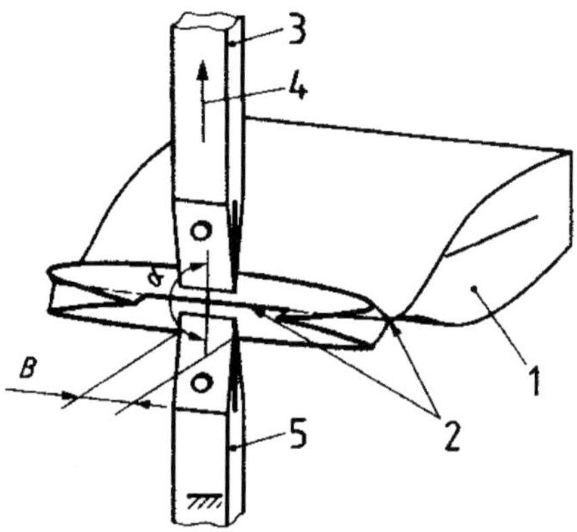

Legende

1 Beutel mit Seitenfalte
2 Siegelnaht
3 Folienklemmen
4 Abzugsrichtung
5 Feste Folienklemme
α Aufreißwinkel
B Breite der Folienklemme

Bild 26: Prinzipieller Prüfaufbau zur Bestimmung der Öffnungskräfte eines Seitenfaltenbeutels

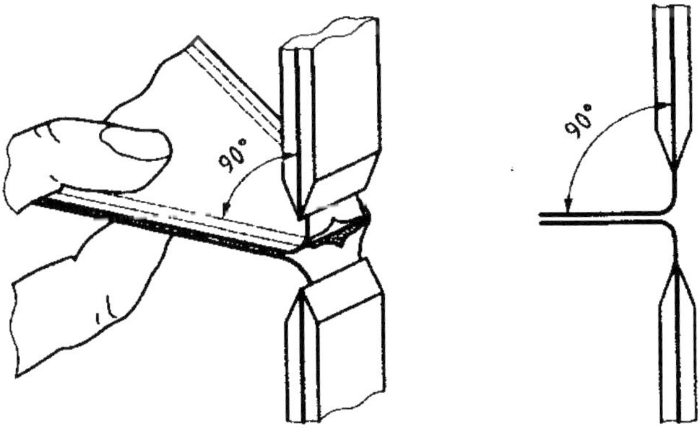

Bild 27: Prinzipielle Darstellung der Stützung der Packung während des Prüfvorganges zur Bestimmung der Öffnungskräfte einer flexiblen Verpackung

2.3 Tuben

Tuben sind Packmittel mit rundem oder ovalem Querschnitt, die an einem Ende durch eine Tubenschulter zu einer verschließbaren Öffnung eingezogen (Tubenhals), am anderen Ende durch Falzen, Schweißen oder Siegeln verschlossen werden und zum Entleeren zusammendrückbar sind. [55]

2.3.1 Bestimmung der Materialdicke des Tubenmantels nach DIN EN 12375

Die Messung der Manteldicke von Aluminiumtuben ist eine mechanische, zerstörende Prüfung, bei der die gesamte Tube in möglichst viele 15 mm breite Streifen geschnitten wird. Der Außenlack der Tube wird mit einem geeigneten Lösemittel abgelöst, sodass der Aluminiummantel mit dem Innenlack für die Messung erhalten bleibt. Die Prüfstreifen werden mit einem Kunststoffstab geglättet, und im Abstand von 10 mm von jedem Probenende entfernt erfolgt die Dickenmessung mithilfe einer Kugelkopf Messschraube, die eine Messgenauigkeit von 0,001 mm besitzen soll. Um die exakte Dicke des Aluminiums des Tubenmantels zu bestimmen, wird von den erhaltenen Messwerten die Dicke der Innenschutzlackierung, deren Messung nachfolgend beschrieben wird, subtrahiert. [62]

2.3.2 Bestimmung der Dicke der Innenschutzlackierung nach DIN EN 13048

Die Bestimmung der Dicke der Innenschutzlackierung erfolgt dadurch, dass die Aluminiumtube aufgeschnitten, die Außenschutzlackierung mechanisch entfernt und das Aluminium mittels NaOH vollständig zersetzt wird. Der Innenschutzlack bleibt als Folie erhalten, wird mit Wasser abgespült und anschließend im Trockenschrank für eine Stunde bei 80° C getrocknet. Nach dem Abkühlen erfolgt die Messung mittels Messschraube. [63]

2.3.3 Bestimmung der Porosität der Innenschutzlackierung nach DIN EN 15384

Die Innenschutzlackierung von Aluminium soll Wechselwirkungen des Aluminiums mit dem Füllgut verhindern. Beim Lackieren können Fehlstellen der Lackschicht in Form von Poren auftreten. Die Bestimmung der Porigkeit der Innenschutzlackierung erfolgt mit einem elektrolytischen Verfahren. Die Aluminiumtube wird dabei über das offene Ende bis zu einer festgelegten Höhe mit einer Elektrolytlösung (Kupfersulfat- bzw. Natriumchloridlösung) befüllt. Eine bewegliche, an den Tubenhals angeschlossene und eine in die Lösung getauchte Elektrode ergänzen den Messaufbau (s. Bild 28). Anschließend wird über einen festgelegten Zeitraum eine definierte Spannung angelegt. Der Stromfluss ist ein Maß für die Qualität der Innenbeschichtung in Bezug auf die Schichtdicke und die vorhandenen Poren.

Bei der Interpretation des Prüfergebnisses ist zu beachten, dass der elektrische Leitwert weder Informationen über Anzahl und Größe von Poren oder die Dicke beschichteter Flächen noch Hinweise auf mögliche Reaktionen zwischen Aluminiumtube und Produkt liefert. [64]

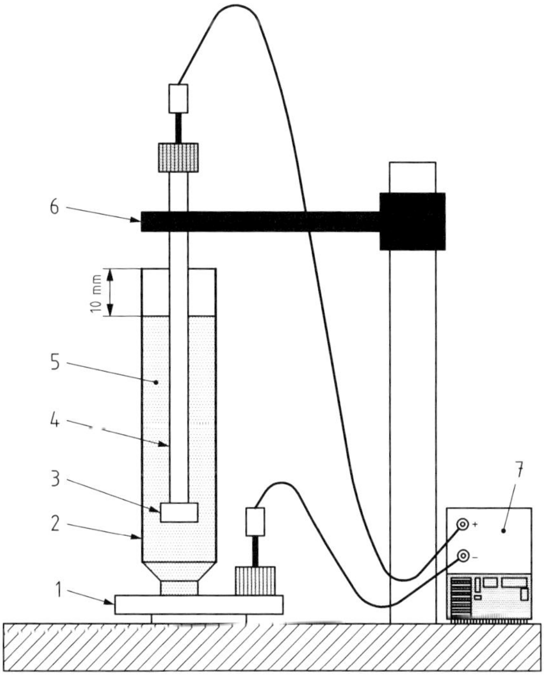

Legende

1 Elektrode
2 Aluminiumtube
3 Isolierender Abstandshalter
4 Bewegliche Elektrode
5 Elektrolyt
6 Elektrodenhalter
7 Prozessoreinheit (Rechner)

Bild 28: Schematische Darstellung der Messdurchführung zur Bestimmung der Porosität der Innenschutzlackierung

2.3.4 Bestimmung der Haftfestigkeit der Schutzlackierung nach DIN EN 15421

Aluminiumtuben werden beim Verschließen durch Falzung und im Gebrauch deformiert und geknickt. Dies kann zum Abplatzen der Innen- oder Außenlackierung führen. Um die Haftfestigkeit der Lackierung zu ermitteln, wird eine Aluminiumtube mittels Pressvorrichtung definiert auf (15 ± 5) % der Ausgangslänge zusammengepresst (s. Bild 29). Dabei wird die Tube faltenbalgartig scharfkantig verformt. Im Anschluss sind die Knickstellen auf entstandene Risse und/oder Ablösungen des Innen- oder Außenschutzlackes zu überprüfen. [65]

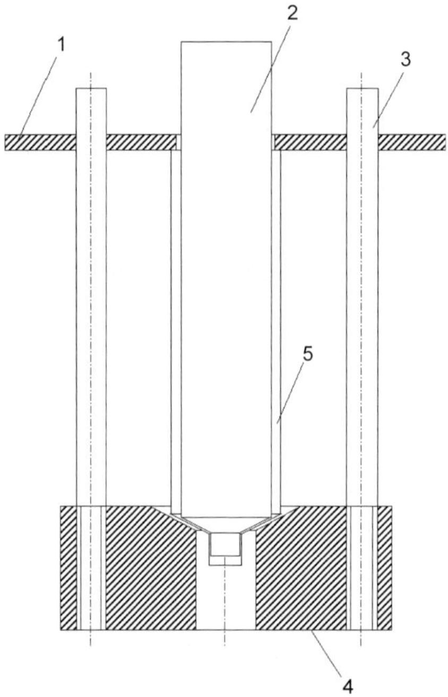

Legende

1 Klemmvorrichtung zum Zusammenpressen
2 Führungsstift
3 Führungsbolzen
4 Grundplatte
5 Tube

Bild 29: Schematische Darstellung der Prüfdurchführung zur Bestimmung der Haftfestigkeit der Schutzlackierung

2.3.5 Prüfverfahren zur Messung der Verformung des Mantels von Aluminiumtuben (Guillotine-Prüfung) DIN EN 16285

Aluminiumtuben werden nach dem Herstellungsprozess Fließpressen einem Weichglühvorgang unterzogen. Ziel ist es, eine Verformbarkeit des Tubenmantels zum Verschließen durch Falzen und eine bessere Entleerbarkeit zu erreichen. Für den Transport und zum Befüllen müssen die Tuben eine Mindestverformungsfestigkeit aufweisen. Zu weiche Tuben sind nicht maschinengängig.

Die Prüfung erfolgt an leeren Tuben mit einem maximalen Durchmesser von bis zu 45 mm. Die zu prüfende Tube wird in eine Prismaauflage gelegt und von einem Fallprüfgewicht deformiert. Die resultierte Verformung ist in mm an einer Skala abzulesen. Bild 30 verdeutlicht den Messaufbau. [66]

Längenangaben in mm

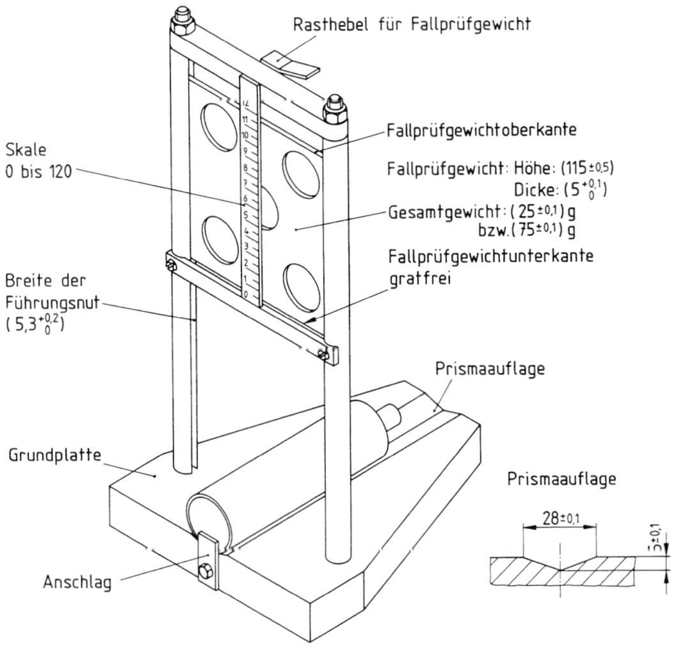

Bild 30: Schematische Darstellung der Prüfdurchführung zur Bestimmung der Verformbarkeit des Tubenmantels

2.3.6 Bestimmung der Luftdichtheit des Verschlusses nach DIN EN 12377

Diese Prüfung dient der Ermittlung der Verschlussluftdichtheit einschichtiger Metall- oder Kunststofftuben sowie mehrschichtiger Laminattuben. Für die Untersuchung wird das offene Tubenende an eine Druckluftquelle angeschlossen und ein konstanter Innendruck von (25 ± 0,01) bar erzeugt. Anschließend wird die Tube im Verschlussbereich 3 s lang vollständig in Wasser getaucht (s. Bild 31). Die Prüfung ist bei einer Temperatur zwischen 10° C bis 25° C durchzuführen.

Die Tube ist undicht, wenn unter Wasser kontinuierlich Luftblasen austreten. Eine Schwachstelle, deren Einfluss auf die Luftdichtheit stets zu betrachten ist, stellt die Siegelschicht zwischen Aluminiummembran und Verschluss dar [67].

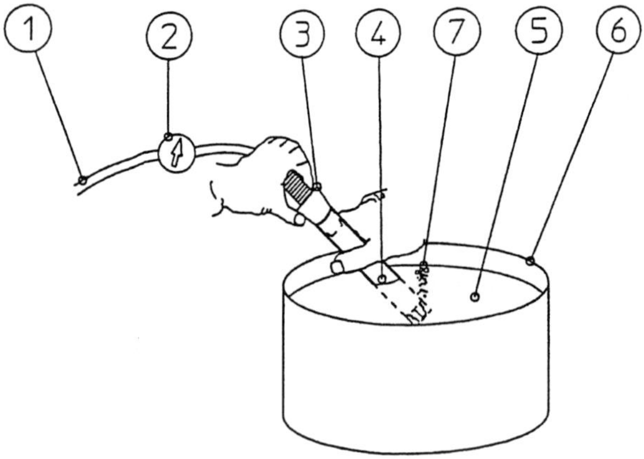

Legende

1 Drucklufteintritt
2 Druckmessgerät/Druckminderventil
3 Konisches Anschlussstück
4 Prüftube
5 Wasser
6 Durchsichtiger Glasbehälter
7 Luftblasen

Bild 31: Schematische Darstellung der Prüfung der Luftdichtheit von Tubenverschlüssen

2.4 Schachteln

Schachteln sind ein- oder mehrteilige, meist quaderförmige, verschließbare Packmittel in verschiedenen Bauarten, Ausführungen und Lieferformen als Verkaufs- oder Mehrzweckverpackung.

Es wird unterschieden in Falt-, Klappdeckel-, Stülpdeckel-, Schiebe-, Eindrück- und Einsteckschachteln. Je nach Bauart variieren Konstruktion und Ausführung, die Lieferform wird vom Grad der Fertigungsstufe bestimmt. [55]

Schachteln sind Packmittel, die entweder als Verkaufsverpackung, als Umverpackung oder als Transportverpackung eingesetzt werden. Die während des Transportes, der Lagerung und des Umschlages auftretenden Belastungen sind sehr vielfältig. Aus diesem Grund folgt an dieser Stelle nur eine Auflistung möglicher Prüfungen an Schachteln, die in Kapitel 3 „Prüfen von Packungen und Ladeeinheiten“ näher beschrieben werden.

- Stauchdruckprüfung DIN EN ISO 2234
- Stapeldruckprüfung mit Druckprüfmaschine DIN EN ISO 12048

– Horizontale Stoßprüfung	DIN EN ISO 2244
– Vertikale Stoßprüfung	DIN EN 22248
– Umkippprüfung	DIN EN 22876
– Umstürzprüfung	DIN EN 28768

Die Ermittlung des sogenannten BCT-Wertes (Box Crash Test) erfolgt analog der Stauchdruckprüfung nach DIN EN ISO 2234. Der BCT-Wert wird insbesondere für Schachteln aus Wellpappe ermittelt und in N bzw. kN angegeben.

2.5 Becher

Becher sind Packmittel mit nach unten abnehmendem Querschnitt, beliebiger Form der Grundfläche und einem Volumen bis 1000 cm^3. Becher sind formstabil und daher stapelbar, besitzen einen Verschlussrand und manchmal auch einen Fuß. [55]

Becher sind Packmittel, die in der Regel in Trays, Steigen oder Schachten für die Distribution verpackt werden. Gelegentlich werden die in Kapitel 3 beschriebene Stauchdruckprüfung und die Stapeldruckprüfung durchgeführt.

Die Dichtigkeit von Bechern wird durch Verfahren, wie sie in Kapitel 2.2.3 für Beutel beschrieben wurden, ermittelt.

Im Rahmen der Qualitätssicherung wird an Bechern die Wanddickenverteilung nach dem Thermoformen oder dem Spritzgießen ermittelt sowie die Siegelnahtfestigkeit bzw. Öffnungskraft der Verschlussplatinen ermittelt.

Wanddickenverteilung

Die Messung der Wanddicke erfolgt nach dem Prinzip des Hall-Effekts, wobei Wanddickenunterschiede durch Änderung eines Magnetfeldes ermittelt werden. Für die Prüfung wird eine Weicheisenkugel in den zu untersuchenden Becher gegeben und anschließend mit einer Magnetsonde an der Außenwand entlanggetastet – Kugel und Sonde ziehen sich magnetisch an (s. Bild 32). Durch Justierung der Sonde auf die Kugel im Zustand „kein Material dazwischen“ für „Dicke gleich null“ verändert sich das Magnetfeld aufgrund der Wanddicke der Probekörper. Die Kalibrierung der Magnetfeldänderung auf den Abstand zwischen Kugel und Sonde in mm oder inch ermöglicht die Angabe der Wanddicke. Es stehen verschieden große Kugeln zur Verfügung, um auch an kleinen Becherradien die Dicke zu messen.

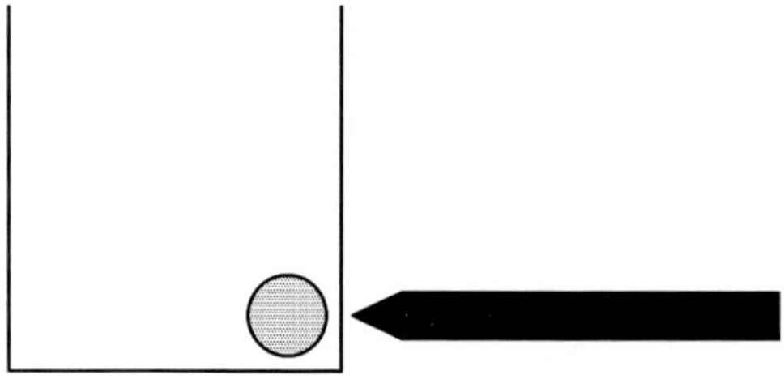

Bild 32: Prinzipdarstellung eines Wanddickenmessgerätes

Siegelnahtfestigkeit bzw. Öffnungskraft der Verschlussplatine

Die Siegelnahtfestigkeit der Verschlussplatine bzw. die Öffnungskraft eines peelbaren Verschlusses kann unter Verwendung von Zusatzeinrichtungen zur Fixierung des Bechers und speziellen Klemmen zum Fixieren der Aufreißlasche ähnlich der Bestimmung der Öffnungskraft von peelbaren Nähten an Beuteln bzw. flexiblen Thermoformverpackungen, wie in Kapitel 2.2.6 beschrieben, nach DIN 55409-2 ermittelt werden. Der Abzugswinkel sollte 135° und die Prüfgeschwindigkeit sollte 600 mm/min betragen. Um eine Veränderung des Abzugswinkels beim Abziehen der Deckelfolie (Platine) zu verhindern, muss durch einen Schlitten, der von einem Seil gezogen wird, der Becher, der auf dem Schlitten am Boden mittels doppelseitigen Klebebandes fixiert ist oder in der Fixiervorrichtung gehalten wird, mitbewegt werden. Im Bild 35 sind prinzipielle Möglichkeiten der Prüfvorrichtung dargestellt. [68]

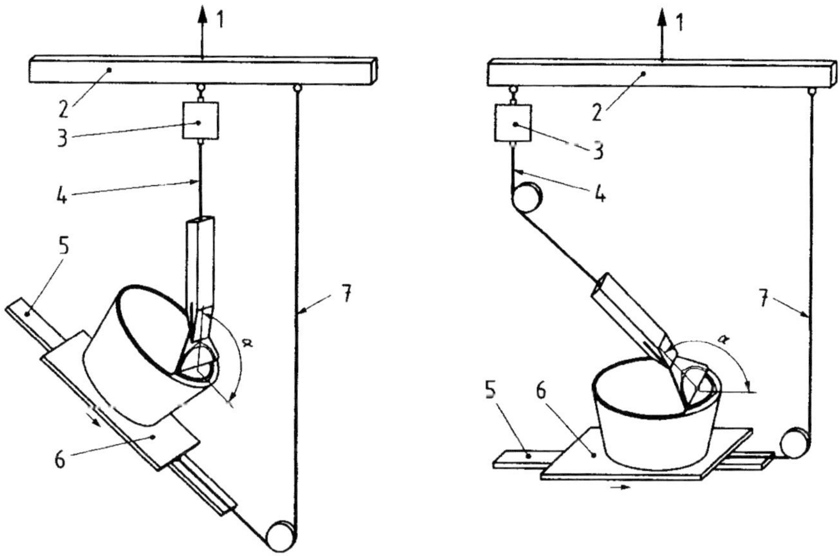

Legende

1 Abzugsrichtung Traverse der Zugprüfmaschine
2 Traverse
3 Kraftmessdose
4 Verbindung zwischen Kraftmessdose und Folienklemme
5 Gleitschiene
6 Schlitten
7 Verbindung zwischen Schlitten und Traverse (Rechner)
α Aufreißwinkel

Bild 33: Schematische Darstellungen der Prüfvorrichtungen zur Bestimmung der Öffnungskräfte für formstabilen Packmitteln

2.6 Flaschen aus Glas/Kunststoff

Flaschen sind Packmittel mit halsförmig verengtem Oberteil, die auf verschiedene Weise verschlossen werden. Flaschen besitzen einen im Verhältnis zur Höhe zumeist geringen Durchmesser. Der Flaschengrundriss variiert zwischen verschiedenen Formen (zylindrisch, oval, quaderförmig). Es wird zwischen Enghals- und Weithalsflaschen unterschieden. [55]

2.6.1 Bestimmung der Achsabweichung bei Flaschen aus Glas nach DIN EN 29008

Aufgrund der Tatsache, dass Achsabweichungen bei Glasflaschen zu Schwierigkeiten beim Einsatz auf Hochleistungsabfüllanlagen führen können, sind vorgegebene Toleranzen unbedingt einzuhalten. Als Achsabweichung wird die Abweichung des Mittelpunktes der Behältnismündung von einer theoretischen senkrechten Linie, die durch den Mittelpunkt des Bodens verläuft, gemessen. Die Abweichung entspricht dem halben Durchmesser des Kreises, den der Mittelpunkt der Mündung zieht, wenn die Flasche um die gedachte senkrechte Achse rotiert.

Für die Prüfung rotieren die Flaschen um 360°, wobei der kleinste und der größte Abstand der Außenkante der Mündung im Bezug zu einem definierten Fixpunkt auf derselben waagerechten Ebene gemessen werden. Das Ergebnis ist auf 0,1 mm genau anzugeben. [69]

2.6.2 Planitätsabweichung der Mündung nach DIN EN 29885

Die Planitätsabweichung ist ein qualitatives Maß für die sattelförmige Verformung der Mündung von Glasbehältnissen mit weiter Öffnung. Sie hat große Relevanz für das Sterilisieren von Produkten und für andere Zwecke, bei denen ein luftdichter Verschluss erforderlich ist. In den Spezifikationen sind zulässige Toleranzen angegeben, innerhalb deren Abweichungen vorliegen dürfen.

Der Glasbehälter wird mit der Mündung auf eine ebene Grundplatte gestellt und darf bei der Messung weder schaukeln noch irgendeine andere Bewegung ausführen. Geprüft wird mithilfe einer Fühlerlehre, wobei man zwei Vorgehensweisen unterscheidet: Zum einen wird stufenweise untersucht, welche Lehrendicke sich in den vorhandenen Spalt einschieben lässt, um damit ermessen zu können, ob der zulässige Grenzwert erreicht bzw. um wie viel dieser überschritten ist. Zum anderen kann eine Lehre mit Grenzdicke verwendet werden, um eine einfache Ja-/Nein-Entscheidung zu treffen. [70]

2.6.3 Axialdruckfestigkeit an Behältnissen aus Glas nach DIN EN ISO 8113

Diese Prüfung dient der Bestimmung der Widerstandsfähigkeit (Axialdruckfestigkeit) von Glasverpackungen, wenn sie einer Axialbelastung, z. B. beim Füllen, Verschließen oder Stapeln, ausgesetzt werden. Ist die einwirkende Druckspannung größer als die Druckfestigkeit eines Prüfkörpers, so wird er zerstört. Die Messung erfolgt in einer Druckprüfmaschine, in die der Prüfkörper eingestellt und mit Druckkraft belastet wird.

Die Prüfung wird entweder als Attributprüfung oder als Variablenprüfung ausgeführt. Bei der Attributprüfung wird die aufzuwendende Kraft bis zu einem festgelegten Wert erhöht, und es wird ermittelt, ob der Prüfkörper der Belastung standhält oder nicht. Bei der Variablenprüfung wird die aufzuwendende Kraft so weit erhöht, bis der Prüfkörper bricht. Ermittelt wird die Druckfestigkeit, die die maximale Belastbarkeit beschreibt. [71]

2.6.4 Pendelschlagversuch nach DIN 52295

Mit dem Pendelschlagversuch wird die Festigkeit von Glasbehältnissen gegenüber Schlag- bzw. Stoßbeanspruchungen ermittelt. Wird eine Attributprüfung durchgeführt, ist ein definierter Schlagimpuls vorgegeben und die Anzahl der gebrochenen Probekörper wird gezählt. Bei der Variablenprüfung werden die Probekörper mit steigendem Schlagimpuls bis zum Bruch belastet. Bild 34 zeigt den schematischen Aufbau dieses Versuchs. Die Probekörper werden am Umfang verteilt viermal beansprucht, wobei zwei Schläge auf die sichtbare Trennlinie des Formwerkzeuges treffen sollten. [72]

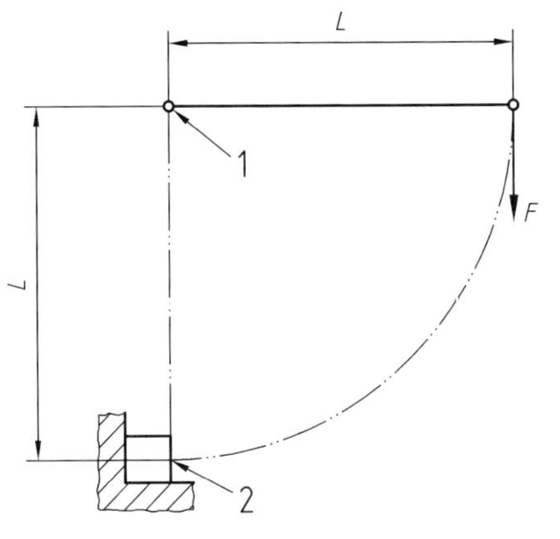

Legende

1 Pendeldrehachse
2 Auftreffpunkt
L Pendellänge
F Auflagekraft

Bild 34: Schematische Darstellung der Prüfdurchführung des Pendelschlagversuchs

2.6.5 Innendruckversuch nach DIN EN ISO 7458

Die Beständigkeit gegenüber erhöhtem Innendruck ist insbesondere für kohlensäurehaltige Getränkeflaschen von Bedeutung. Unter Verwendung einer Pumpe wird im Inneren des Prüfkörpers ein Druck aufgebaut, der je nach Prüfart bis zur Zerstörung führen kann.

Bei der Attributprüfung wird ein definierter Prüfdruck angelegt und über eine Zeitdauer von 60 s konstant gehalten. Anschließend erfolgt die Begutachtung des Prüfkörpers, ob sich Risse oder sonstige Beschädigungen zeigen. Bei der Variablenprüfung wird der Prüfdruck in 1-bar-Schritten kontinuierlich erhöht, bis 50 % der Behältnisse gebrochen sind. Die Drücke, die zum Bersten der Prüfkörper geführt haben, werden statistisch ausgewertet, und es wird ein „Bruchdruck$_{50\,\%}$" angegeben. [73]

2.6.6 Beständigkeit gegenüber Abschrecken nach DIN EN ISO 7459

Mit diesem Verfahren wird die Beständigkeit von Glasbehältern gegenüber schnellem Temperaturwechsel ermittelt, der beim Heißabfüllen oder bei Reinigungsprozessen z.B. von Mehrwegflaschen auftreten kann. Zur Bestimmung der Beständigkeit werden zwei Wasserbäder unterschiedlicher Temperatur vorbereitet. Die Prüfkörper werden dann abwechselnd in das heiße und in das kalte Wasser eingetaucht. Die Temperaturdifferenz der beiden Wasserbäder beträgt maximal 100° C (üblich sind 70° C). Nach mehrmaligem Wiederholen des Tauchvorgangs sind die Prüfkörper auf Risse oder sonstige Schäden zu untersuchen. [74]

2.7 Dosen, Kanister, Fässer, Trommeln und Hobbocks

In diesem Kapitel sind mehrere Packmittel zusammengefasst, die in der Regel ähnlichen Prüfungen unterzogen werden.

Dosen sind formstabile, meist zylindrische Packmittel mit einem Volumen bis etwa 10 Liter. Unterschieden wird in dreiteilige Dosen, bestehend aus Rumpf, Boden und Deckel, zweiteilige Dosen, bestehend aus Unterteil und Deckel, oder einteilige Dosen mit eingezogenem Hals. [55]

Kanister sind formstabile Packmittel mit rechteckigem Querschnitt, mit Ausgießöffnung und einer Tragevorrichtung. Kanister werden vorzugsweise für Flüssigkeiten verwendet und können ein Volumen bis 60 Liter aufweisen. [56]

Unter dem Begriff Fass sind rollbare, bauchige oder zylindrische Packmittel in verschiedenen Ausführungsformen und aus verschiedenen Werkstoffen zusammengefasst. [55]

Die Trommel ist ein zylindrisches, rollbares Packmittel mit abnehmbarem oder festem Deckel, mit Einfüllöffnungen, aber ohne Tragevorrichtung. Das Füllvolumen kann bis 220 Liter betragen. Fibertrommeln als besondere Ausführungsform bestehen aus einem Mantel, der aus miteinander verklebten Lagen aus Papier oder Karton hergestellt ist. Deckel und Boden können aus

Vollpappe, Kunststoff, Sperrholz oder Stahlblech bestehen. Die Verbindung zwischen Boden und Mantel wird durch Anrollen unter Verwendung von Stahlbändern vorgenommen. [55]

Der Hobbock ist ein zylindrisches oder konisches Packmittel mit einem Füllvolumen bis 60 Liter. Der Deckel ist abnehmbar oder als Scharnierdeckel ausgebildet. Der Hobbock ist nicht rollbar gestaltet und mit Tragevorrichtungen am Deckel oder durch zwei seitliche Fallgriffe ausgestattet. [55]

Die beschriebenen formstabilen Packmittel werden in Bezug auf ihre Festigkeitseigenschaften im Wesentlichen durch folgende Prüfungen untersucht:

- Stapeldruckprüfung mit Druckprüfmaschine DIN EN ISO 12048
- Stauchdruckprüfung DIN EN ISO 2234
- Stoßprüfung DIN EN ISO 2244

Die Beschreibung der Untersuchung erfolgt in Kapitel 3 „Prüfen von Packungen und Ladeeinheiten“.

2.7.1 Verfahren zur Prüfung von Verschlüssen auf Dichtheit nach DIN EN 14401

Die Wirksamkeit von Verschlüssen auf Kunststoffflaschen und anderen Behältern aus Kunststoff kann durch zwei verschiedene Verfahren ermittelt werden. In beiden Fällen werden die Probekörper mit ihrem Nennvolumen gefüllt und für 24 h bei einer Temperatur von 18° C bis 28° C mit dem Verschluss zur Seite liegend gelagert. Als Prüfflüssigkeit kann Originalfüllgut oder eine Prüfflüssigkeit, bestehend aus 950 ml destilliertem Wasser, 50 g nichtionischem Tensid und einem Färbemittel, wie z. B. Rhodamin, verwendet werden.

Im Verfahren 1 werden die Probekörper zum Zwecke der Prüfung auf Dichtheit mit der Unterseite nach oben erneut bei 18° C bis 28° C für 24 h gelagert und die Dichtheit durch Beobachtung bestimmt.

Im Verfahren 2 werden die Probekörper mit dem Verschluss zur Seite für 10 min bei einer Temperatur von 18° C bis 28° C in einer Vakuumkammer bei einem Unterdruck von 600 mbar gelagert und die Dichtheit durch Beobachtung ermittelt. [75]

2.8 Kisten, Kästen, Steigen und Trays

Kisten sind formstabile stapelfähige Packmittel vorzugsweise aus Holz, bestehend aus Boden, Seitenteilen, Kopfteilen und Deckel.

Kästen sind stapelbare Packmittel ohne Deckel, wie z. B. Kästen für Getränke.

Als Steigen werden stapelfähige, standfeste Packmittel zum Transport und zur Lagerung von Lebensmitteln bezeichnet.

Als Tray oder Tablett wird ein Packmittel mit flachem, rechteckigem Boden und hochgestelltem Rand bezeichnet, das zur Bildung von Mehrstück- oder Sammelpackungen verwendet wird.

Die Prüfung an diesen Packmitteln beschränkt sich auf die Ermittlung der Festigkeitseigenschaften:

- Stapeldruckprüfung mit Druckprüfmaschine DIN EN ISO 12048
- Stauchdruckprüfung DIN EN ISO 2234

Die Beschreibung der Untersuchung erfolgt in Kapitel 3 Prüfen von Packungen und Ladeeinheiten.

3 Prüfen von Packungen und Ladeeinheiten

Monika Kaßmann und Frank Volkmann

3.1 Auftretende typische Belastungen und deren Einfluss auf das Packgut

3.1.1 Guteigenschaften

Eine wesentliche Voraussetzung für die Auswahl der einzusetzenden Packstoffe und die Gestaltung der Packmittel und -hilfsmittel ist die Kenntnis der Empfindlichkeit des zu verpackenden Gutes, die von den chemisch-physikalischen Eigenschaften des Packgutes, möglichen Qualitätsveränderungen und deren Ursachen einschließlich des möglichen Schädigungsverhaltens beeinflusst wird.

Maßgebende chemisch-physikalische Eigenschaften sind Form, Masse und Stoffbeschaffenheit des Packgutes. So erfordern flüssige und gasförmige Güter andere Verpackungen als Stückgüter. Als ein erster Schritt zur Auswahl der optimalen Verpackung ist es dementsprechend sinnvoll, sich einen Überblick über die Eigenschaften und die Empfindlichkeit des Packgutes zu verschaffen.

Dazu zählen Angaben wie:

- vorgesehenes Füllgutgewicht pro Packungseinheit
- Schüttdichte als Berechnungsgrundlage für die Packungsdimension
- geplante Lebensdauer des abgepackten Füllgutes
- Feuchtegehalt des Füllgutes (Gleichgewichtsfeuchte, kritischer Feuchtegehalt)
- gewünschte Packungsform (Becher, Flasche, Dose usw.)
- Zahl der Einzelpackungen pro Sammelpackung
- Art und Dimensionierung von Transportverpackungen und Ladeeinheiten
- typische Lager-/Transportbedingungen (Feuchte, Temperatur, Entfernung)

3.1.2 Auftretende typische Belastungen

In der logistischen Kette der Verteilung von Gütern treten verschiedene mechanisch-physikalische, chemische und biotische Belastungen auf. Diese Belastungen sind nur teilweise vermeidbar und müssen deshalb durch entsprechende Maßnahmen, zu denen unter anderem eine geeignete Verpackung zählt, vom Gut so weit wie möglich ferngehalten werden, andernfalls können sie zu dessen Beschädigung oder Zerstörung führen. Der Verpackung fällt die

Aufgabe zu, die Beanspruchung des Gutes möglichst gering zu halten. Dabei ist sie aus Kosten- und Umweltschutzgründen so effektiv wie möglich zu konzipieren, ohne die notwendige Schutzwirkung zu gefährden. Das setzt zum einen die Kenntnis von Art und Ausmaß der zu erwartenden normalen Belastungen und zum anderen der Schwachstellen des zu verpackenden Erzeugnisses voraus.

Die Empfindlichkeit des Gutes gegenüber mechanischen Belastungen ist maßgebend für die Festigkeitseigenschaften der auszuwählenden Verpackung. Zerbrechliche Güter erfordern eine stabile, selbsttragende Verpackung. Von der Schutzwirkung der Verpackung und der Ladeeinheit (Abk. LE) hängen weiterhin mögliche Stapelhöhen und Staumaße ab, d. h., die Beanspruchbarkeit der Packungen beeinflusst auch solche Kriterien wie die Auslastung von Lagerräumen und Transportmitteln.

Da die Festigkeit der Einheit Gut und Verpackung den normalen Belastungen in der Logistikkette gewachsen sein muss, ist zur Vermeidung von Verlusten eine Überprüfung der Eignung von Verpackung und Sicherung der Ladeeinheit in vielen Fällen sinnvoll. Vor allem während der Transportprozesse ist in Abhängigkeit von der jeweiligen Transportkette mit zahlreichen potenziellen mechanischen Belastungen zu rechnen. Dabei ist unter einer Transportkette eine Folge von technisch und organisatorisch miteinander verknüpften Vorgängen zu verstehen, bei denen Güter von einer Quelle zu einem Ziel (Senke) bewegt werden. Die Transportkette ist als System aufzufassen, bei dem die eingesetzten Mittel – beispielsweise Verpackungen und Ladeeinheiten – systemverträglich sein müssen, um technische Verknüpfung und Integration realisieren zu können.

Typische Belastungen, die beim Transport auftreten, sind:

- Druckbelastungen durch Stapelbildung im Transportgefäß,
- rauschförmige vertikale Schwingbelastungen oder
- vertikale und horizontale Stoßbelastungen.

Belastungen während der zwischen den einzelnen Transporten stattfindenden Umschlagprozesse sind von den eingesetzten Umschlagmitteln abhängig:

- vertikale Stöße beim Absetzen der Palettenladung mit Gabelstapler oder Hubwagen
- horizontale Stöße beim Anfahren der Palettenladung mit Gabelstapler
- Absetz- und Anstoßvorgänge beim Containerumschlag
- Auch treten Druckbelastungen beim Umschlag im Hafen auf, wenn im Laderaum Paletten betreten werden müssen, um die Ladung zu stauen, oder durch das Umschlingen der Palette mittels Seil und Ähnlichem.

Bei der Lagerung sind vorwiegend Druckbelastungen durch das Übereinanderstapeln von Paletten zu erwarten.

Die normalen mechanisch-physikalischen Belastungen werden unterschieden nach

- dem zeitlichen Wirkungsverlauf in statische oder dynamische Belastungen
- der zeitlichen Wirkungsdauer
- dem geometrischen Bereich (partielle bzw. punktförmige oder totale bzw. flächenförmige Wirkung) und
- der geometrischen Richtung: exogen (von außen) oder endogen (von innen) auf die Packung wirkende Belastung.

Die dynamischen Belastungen können außerdem als deterministisch bzw. stochastisch entstehende Abläufe auftreten.

Typische mechanische Belastungen sind, wie bereits dargestellt, Stapeldruck, Aufprall nach Fall, Stoßbelastungen und Vibrationen. Werden beim Einwirken dieser Belastungen die Grenzwerte der Festigkeitseigenschaften der Packung überschritten, treten Schäden auf. Solche Einwirkungen, die häufig eine Kombination der genannten Belastungen darstellen, werden bei Packungsprüfungen simuliert. Es handelt sich dabei vor allem um den Stapeldruck (statisch, langzeitig, total, exogen) oder den Aufprall nach freiem Fall (dynamisch, kurzzeitig, partiell, endogen), das Durchstoßen von Wänden (dynamisch, kurzzeitig, partiell, exogen) sowie Schwingungen (dynamisch, kurz- oder langzeitig, partiell, exogen).

Neben mechanischen Belastungen wirken auch klimatische Belastungen auf die Packungen ein. Klimaeinflüsse sind meteorologische Erscheinungen, abhängig von Zeit und Ort. Das Klima setzt sich aus Klimaelementen (Sonnenstrahlung, Temperatur, Feuchte usw.) zusammen. Neben dem Makroklima, das für ein größeres Gebiet einheitlich ist und von der geografischen Lage, der Jahres- und Tageszeit und der Zirkulation der Erdatmosphäre abhängt, ist das Kryptoklima, das sich in Packungen, Lagerhallen oder Laderäumen einstellt, für die klimatischen Belastungen von Verpackung und Gut von Interesse.

Zur Vereinfachung werden die bei Transporten auftretenden Makroklimate zu Klimagebieten zusammengefasst. Die entsprechenden Vorschriften (beispielsweise DIN 50019-3, mit 10 Klimamodellen, 5 Frischluft-Klimagruppen und 10 Raum-Klimamodellen) enthalten Klimatypen wie kaltes, gemäßigtes, trockenes, warmfeuchtes und Meeresklima, Klimabereiche (alternierendes, Randland-, Höhenklima, mildtropisches, sommerfeuchtes Klima, Feuchtluftwüste),

Sonderbereiche (mäßig trockenes, hygrothermes, extrem warmes, extrem hygrothermes Klima, hohe Globalstrahlung) und Klimagruppen (beinhalten jeweils mehrere Klimatypen und -bereiche).

Klimaeinflüsse können Eigenschaften von Verpackung und Packgut bis hin zur Unbrauchbarkeit verändern. Dabei ist die Art der Veränderung sehr eng an den dem Klima ausgesetzten Werkstoff gebunden. Klimaempfindliche Güter – das sind mehr als 90 % aller Gutarten – verändern ihre Eigenschaften aufgrund meteorologischer Einwirkungen wie Feuchtigkeit, Trockenheit, hohe und tiefe Temperaturen, Licht, Gase oder Staub. Sofern diese Veränderungen unerwünscht sind, müssen sie durch geeignete Maßnahmen, z. B. durch eine zweckmäßige Verpackung, vom Gut ferngehalten werden. Im Unterschied zum Makroklima, das in einem Gebiet vorherrscht und auf das Gut schädigende Einflüsse ausüben kann, bildet sich im Inneren der Packung bzw. im Lager- oder Transportraum ein Kryptoklima heraus, das bei Verwendung geeigneter Verpackungen das Gut schützend umgibt. Die kryptoklimatischen Bedingungen werden durch die Wärmekapazität und das Feuchtigkeitsspeichervermögen von Gut und Packung beeinflusst.

Temperaturempfindliche Güter verändern bleibend oder temporär durch Temperatureinflüsse ihre Eigenschaften. Die Veränderungen können durch physikalische, chemische oder biotische Vorgänge hervorgerufen werden. Durch Temperaturänderungen können z. B. Modifikationen der mechanischen Eigenschaften, die Ausscheidung von Weichmachern aus Polymerfolien, eine Ausdehnung infolge Wärme und dadurch Gefährdung von Passungen, Beeinträchtigung von Spachtel- und Klebestellen, Erstarren und Verdampfen von Flüssigkeiten, Verdampfen aggressiver Stoffe aus Materialien, Zersetzung von Stoffen bei hohen Temperaturen, Schmelzen von Vergussmassen, eine Versprödung von Plast- oder Elasterzeugnissen, aber auch Reifeprozesse eintreten. Für Erzeugnisse, die durch Temperatureinflüsse verändert werden, sollten Temperaturgrenzwerte oder maximale Schwankungswerte für Temperaturänderungen angegeben werden.

Feuchteempfindliche Packgüter erleiden durch Wasser- bzw. Wasserdampfeinflüsse bleibende oder temporär bestehende Veränderungen, die ebenfalls durch physikalische, chemische oder biotische Reaktionen hervorgerufen werden. Für einige Güter bestehen Werte für die maximal oder minimal ertragbare relative Luftfeuchte, für die Gleichgewichtsfeuchte oder für unzulässige Feuchteschwankungen. Hygroskopische Güter sind besonders feuchteempfindlich. Die für diese Erzeugnisse angegebenen Werte der Gleichgewichtsfeuchte (Maximalwert für den Wassergehalt) sind abhängig vom Veredlungsgrad des Gutes, der Korngröße und anderen Eigenschaften. Auch die Kenntnis der

Sorptionsisotherme des feuchtigkeitsempfindlichen Gutes als Zusammenhang zwischen dem Wassergehalt des Füllgutes und der relativen Luftfeuchte der Umgebung ist nützlich, um Schädigungen vorzubeugen. Diese Daten können herangezogen werden, um mittels der Wasserdampfdurchlässigkeitswerte des Packstoffes dessen erforderliche Dicke oder Lagenzahl zu ermitteln. Zu beachten ist dabei, dass sich in Lager-, Transporträumen oder innerhalb von Ladeeinheiten und Sammelpackungen immer eine Menge Feuchtigkeit befindet, die sich bei Temperaturänderung als Wasser niederschlagen und ggf. bis zum Packgut vordringen kann.

Typische Feuchteschäden sind der Verlust der ästhetischen Erscheinung der Verpackung, Veränderungen an den Festigkeitseigenschaften von Packstoffen (Pappe), Volumenänderungen, verminderte Polsterwirkung von Wellpappe oder Holzwolle, Lösen von Klebeverbindungen, Korrosion von Metallteilen sowie verringerte Stabilität bei Verbindungselementen aus Metall, Quellung von Werkstoffen, Förderung des Wachstums von Schimmelpilzen, Mikroorganismen, Änderung der elektrischen Eigenschaften wie Übergangswiderstände und Isolationseigenschaften. Auch treten bei einigen Lebensmitteln Geschmacksveränderungen durch Enzymreaktionen oder andere chemisch-physikalische Vorgänge wie die nichtenzymatische Bräunung von Zucker infolge hoher Feuchtigkeit auf.

Für Packgüter, in denen ungeschützte Metallflächen vorkommen, sollte die Verpackung für ein Kryptoklima in ihrem Inneren sorgen, das Feuchteschäden durch Korrosion verhindert. Die Luftfeuchte ist hierbei von besonderer Bedeutung. Durch das Einlegen einer berechenbaren Menge an Trockenmittel (z.B. Kieselgel) kann die Luftfeuchte über die Dauer des Transports hinweg gegenüber den Werten außerhalb der Packung abgesenkt werden (vgl. DIN 55474). Trockenmittel sind Stoffe, die aufgrund ihrer hygroskopischen Eigenschaften die Luftfeuchtigkeit in der Packung verringern. Zumeist sind definierte Mengen des Stoffes in Beutel abgefüllt, von denen eine bestimmte Anzahl in die Packung eingebracht werden. Ein zugefügter Inhibitor, der auch in das Verpackungspolster mit eingebracht sein kann, verringert die Korrosionsneigung. Unabhängig davon sollte der Packstoff so gewählt werden, dass er selbst die Korrosionserscheinungen nicht fördert. Vor allem besteht ein direkter Zusammenhang zwischen dem Auftreten von Kondenswasser in der Packung und einer Rostbildung. Der Einfluss von hoher Luftfeuchtigkeit allein ist wesentlich geringer.

Zu den klimatischen Belastungen zählt auch die Lichteinwirkung. Bei der Einstrahlung von Licht ist neben der Wärmeeinwirkung das Hervorrufen chemischer Reaktionen infolge Energiezufuhr, die nicht nur an der Oberfläche der

Güter wirkt, sondern in diese eindringt, bedeutsam. So tritt durch Lichteinwirkung bereits nach zehn Minuten eine Geschmacksveränderung bei Trinkmilch ein, begleitet vom Verlust an Vitaminen und anderen Inhaltsstoffen. Auch andere Lebensmittel, die Fett enthalten, sind stark lichtempfindlich. Ähnliche Reaktionen rufen pflanzliche Lebensmittelzusätze (z.B. Kräuter in Trockensuppen) und Fleischfarbstoffe hervor, da sie als Energieüberträger wirken. Begünstigend ist dabei häufig das Vorhandensein von Sauerstoff. Die Verpackung kann die Lichteinwirkung reduzieren oder verhindern, und es kann auch durch Evakuieren beim Verpacken der Sauerstoffgehalt verringert werden. Damit lassen sich die beschriebenen chemischen Reaktionen verlangsamen oder unterbinden.

Weitere Belastungen können durch Staub und andere Substanzen, die in der Umgebung auftreten, ausgelöst werden. Da in der Atmosphäre im Allgemeinen – von Bedingungen im Reinstraum abgesehen – Staub vorhanden ist, muss vor allem beim Verpacken von Lebensmitteln und Pharmazeutika auf die Schaffung einer staubfreien Umgebung geachtet werden, um Kontamination zu vermeiden. Packmittel aus Kunststoffen neigen infolge elektrostatischer Aufladung sehr stark zur Staubbindung. Das lässt sich durch geeignete Maßnahmen beim Verpacken, wie Erhöhung der Luftfeuchte, Erzeugung ionisierter Luft, Ableitung von Ladungen an Verpackungsmaschinen oder auch antistatische Ausrüstung der Kunststoffe, verhindern. Außer durch feste Stoffe können bestimmte Güter auch durch gasförmige Bestandteile (z.B. Fremdgerüche) beeinträchtigt werden. Von den weit mehr als 100000 Pflanzenarten der Erde geben ca. 1400 typische Geruchs- und Geschmacksstoffe ab, die auf andere Güter teilweise qualitätsbeeinträchtigend wirken. Um einen wirkungsvollen Schutz zu gewährleisten, sind aromadichte Packstoffe erforderlich, wobei zu beachten ist, dass Gas- und Aromadurchlässigkeit nicht identisch sind. Außerdem sind auch hierbei die Aromamenge je Zeiteinheit und die dabei vorherrschenden Klimabedingungen von Bedeutung.

Biotische Einflüsse werden vor allem durch Mikroorganismen, Schadinsekten und Nager hervorgerufen. Besonders betroffen sind davon Lebensmittel, aber auch Holz, Papier, Textilien und andere Stoffe organischer Herkunft. Mikroorganismen werden häufig gezielt zur Aufbereitung bestimmter Lebensmittel genutzt. Schädigende Wirkung tritt dann ein, wenn Prozesse nicht in gewünschter Weise ablaufen. Verschärfend wirken auch bei biotischen Einflüssen Kombinationen mit klimatischen und mechanischen Belastungen. So sind vor allem Packungen für den Export in tropische Gebiete sorgfältig auszuwählen, um Schäden durch biotische Einflüsse gering zu halten.

3.2 Möglichkeiten der Simulation von Belastungen

3.2.1 Schadensproblematik

Als Schaden im juristischen Sinne gilt jede Beeinträchtigung einer Interessenlage, d. h. des Vermögens, der Gesundheit, der Arbeitsfähigkeit und der Ehre. Demzufolge kann ein Schaden einen materiellen oder ideellen Charakter haben. Warenschäden sind materieller Natur und wie Vermögensschäden meist ausgleichbar. [79] Während des Transports verursachte Warenschäden können Nachbesserung oder Ersatzlieferung erfordern. Darüber hinaus können sie aber auch zum Imageverlust des Herstellers oder Dienstleisters führen.

Grundvoraussetzung für die Verhinderung eines Schadens sind Kenntnisse über dessen Entstehung. Die Ursachenforschung steht für den Fall, dass ein Schaden aufgetreten ist, somit an vorderster Stelle. Schäden, die in der Praxis auftreten, können sehr variable Erscheinungsformen aufweisen. Angefangen bei fast nicht erkennbaren Verschmutzungen und geringfügigen Deformationen der Verpackung können Schadensbilder bis hin zur Zerstörung des Gutes reichen. Trotz dieser teilweise sehr unterschiedlicher Formen und Ausmaße von Schäden haben diese dennoch einige Gemeinsamkeiten. So gibt es für alle Schäden Ursachen, die als Verkettung auslösender und begünstigender Faktoren zu Vorgängen oder Prozessen führen, in deren Endkonsequenz ein Schaden entsteht. In seltenen Fällen ist die Ursache nur ein einmaliges Ereignis.

In besonderem Maße treten diese unerwünschten Veränderungen bei Transport, Umschlag und Lagerung von Gütern auf. Dabei sind die Ursachen für Veränderungen jedoch nicht nur unabdingbare Einflüsse der Umgebung, z. B. mechanische oder klimatische Belastungen, sondern auch in einem nicht zu unterschätzenden Maße der fehlerhafte und nachlässige Umgang mit den Gütern. Dieser Teil der Ursachen ist somit als vermeidbar einzustufen und auf die mangelnde Kenntnis der Belastungen bzw. auf deren Nichtbeachten zurückzuführen. Neben den Schädigungen durch das Handhaben der Güter als solches führt diese Unkenntnis gleichermaßen zum Einsatz von Verpackungen, die nicht belastungsgerecht gestaltet bzw. ausgewählt sind, sowie zu einer fehlerhaften Zusammenstellung von Ladeeinheiten in Bezug auf die Transportsicherheit. Ein solcher Schaden kann sowohl an der Verpackung allein als auch nur am Packgut oder an beiden zugleich entstehen.

Dabei kommen für den Schaden mehrere Ursachen in Betracht:

- eine einmalige kurzzeitige Überbelastung, die zu Gewaltbrüchen führt (z. B. freier Fall),
- wiederholte, kurzzeitige Belastungen (z. B. Schwingungen), die durch Schadensakkumulation Dauerbrüche hervorrufen,
- oder auch langzeitige Belastungen unterhalb der Kurzzeitfestigkeit, die aufgrund von rheologisch bedingten Fließvorgängen nach einer bestimmten Zeit zum Versagen führen.

Der Anteil der Belastungen als Schadensursache ist unterschiedlich und häufig nicht exakt zu ermitteln, da sich die Belastungen überlagern. Trotzdem kann von einem Hauptanteil der mechanischen Belastungen ausgegangen werden.

Prinzipiell wird in der warenkundlichen Schadensforschung zwischen zwei Vorgehensweisen unterschieden: Die retrospektive Schadensforschung gilt als die traditionelle Form der Schadensforschung und zielt auf die Untersuchung bereits eingetretener Schadensereignisse ab; mit der prospektiven Schadensforschung hat sich eine Arbeitsweise entwickelt, die den steigenden Anforderungen an die Vermeidung von Schäden gerecht werden soll. Sie verfolgt das Ziel, den möglichen Ursachen von Qualitätsveränderungen und Schäden präventiv Rechnung zu tragen. Schwierig gestaltet sich die Ursachenforschung von Schäden hinsichtlich des menschlichen Fehlverhaltens. Die Vielzahl der Möglichkeiten ist dabei kaum zu erfassen, weil die Sendungen beim Durchlaufen der Transportkette meist sehr unterschiedliche Behandlungen erfahren. Folglich liegt das Hauptaugenmerk auf der Analyse der Umgebungsbedingungen und Belastungen, die in der gesamten Transportkette auf die Güter einwirken und je nach Eigenschaften des Gutes zu unerwünschten Veränderungen führen können. Die praktische Umsetzung dieses Ziels erfordert die Kenntnis schadensauslösender Faktoren und Prozesse einerseits sowie die Kenntnis der Möglichkeiten zur Verhütung von Schäden andererseits, als deren Ergebnis beispielsweise eine belastungsgerechte Verpackung entsteht. Ob eine Verpackung ihre Schutzfunktion erfüllt, ist nach Möglichkeit bereits vor ihrem regulären Einsatz zu überprüfen. Bei negativem Ergebnis ist die Schutzfunktion in geeigneter Weise zu verbessern. Zur Überprüfung eignen sich verschiedene Maßnahmen, zu denen der Probeversand von Packungen bzw. Ladeeinheiten und die Simulation der zu erwartenden Transportbelastungen einer speziellen Transportkette im Labor zählen.

3.2.2 Eignungsprüfung durch Probeversand

Der Probeversand wird in der Regel von einer Person, die die Angaben über die aufgetretenen Belastungen aufzeichnet, oder von einem Transportüberwachungsgerät begleitet. Nur durch eine Transportüberwachung können Zusammenhänge zwischen den schädigenden Einwirkungen und den eingetretenen Schäden hergestellt werden. Automatische Aufzeichnungsgeräte – sogenannte Transportdatenlogger[1] – sind batteriebetriebene Geräte, die mit dem Transportgut versandt werden, um die Belastungen während des Transportes erfassen zu können. Sie können zeitgenau wertvolle Informationen über die im Logistikprozess tatsächlich aufgetretenen Belastungen liefern. Moderne Geräte sind in der Lage, mehrere Tausend Werte mit Datum, Uhrzeit, Amplitude, Stoßzeit, -richtung und -geschwindigkeit zu messen und zu speichern. Das Einsetzen dieser Geräte ermöglicht dem Nutzer, Schwachstellen und zu erwartende Belastungen bei speziellen Transporten zu analysieren. In Auswertung der aufgetretenen Schadensereignisse kann der Transportweg und/oder die Verpackung, gegebenenfalls auch das Gut selbst, optimiert werden. Eine wichtige Voraussetzung für die Anwendung des Gerätes ist das Bestehen eines kausalen Zusammenhanges hinsichtlich der Intensität der Transportbelastungen und der Empfindlichkeit des Packgutes bei der Schadensentstehung. So eignet sich ein Transportüberwachungsgerät in der Regel nicht für Gutarten, die durch normale Belastungen in der Transportkette nicht gefährdet sind.

3.2.3 Simulation von Transportbelastungen im Labor

Alternativ zum Probeversand können Transportbelastungen im Labor simuliert werden. Die Laborprüfung ist in der Regel weniger zeit- und kostenintensiv als der Probeversand und hat den Vorteil, dass stets vergleichbare Prüfbedingungen hergestellt werden können. Das gezielte Einwirken definierter Belastungsarten ermöglicht ein relativ einfaches Klären kausaler Zusammenhänge der Schadensentstehung. Die Angaben, die für die Durchführung der Simulation von Transportbelastungen notwendig sind, bestehen in erster Linie in der Art und Intensität der zu erwartenden Belastungen der speziellen Transportkette. Darüber hinaus sollte berücksichtigt werden, ob diese Belastungen das Packgut, auch in Verbindung mit der gewählten Verpackung und der Gestaltung der Ladeeinheit, überhaupt schädigen können. Aus diesem Konsens sind die entsprechenden Simulationsverfahren sowie ihre Eingangsparameter auszuwählen und in einem Laborprüfprogramm festzuhalten.

1 Der Begriff ist von dem englischen Begriff „data logger" abgeleitet und bedeutet Datenerfassungssystem.

3.3 Methoden der Verpackungsprüfung im Labor

3.3.1 Schwingprüfung

Prinzipiell gibt es drei verschiedene Arten von Prüfeinrichtungen für Schwingprüfungen:

- elektro-mechanische Schwingprüfeinrichtungen (umgangssprachlich Rütteltisch),
- elektro-dynamische Schwingprüfeinrichtungen (s. Bild 35) sowie
- servo-hydraulische Schwingprüfeinrichtungen.

Quelle: BFSV

Bild 35: Elektro-dynamische Schwingprüfanlage

Basierend auf den verschiedenen Funktionsprinzipien kann jede Art der Schwingprüfeinrichtungen für spezielle Schwingprüfungen sowie für Prüfobjekte mit unterschiedlichen Abmessungen und Gewichten eingesetzt werden.

3.3.1.1 Schwingprüfung mit niedriger Festfrequenz

Unter den drei Kategorien der Schwingprüfeinrichtungen simuliert der erstgenannte elektro-mechanische Schwinger keine Transportschwingungen, wie diese tatsächlich in Transportmitteln auftreten. Genau genommen handelt es sich hierbei um eine Prüfeinrichtung zum Erzeugen von Dauerstoßbelastungen. Versuche, die auf diesem Schwinger durchgeführt werden, bezeichnet man häufig als „Rütteln“ oder „Prellprüfung“. Diese Versuche werden bei einer einzelnen festen Frequenz üblicherweise zwischen 3 Hz und 5 Hz durchgeführt.

Die exakte Prüffrequenz ist erreicht, wenn das Testobjekt unter stetiger Erhöhung der Frequenz und konstantem Schwingweg von der Plattform des Schwingers abzuheben beginnt, d. h., wenn die Beschleunigung größer ist als die Erdbeschleunigung, welche das Testobjekt auf dem Schwinger hält. Dieses Testverfahren kann ebenfalls mit den beiden anderen Schwingerregertypen durchgeführt werden. [76]

3.3.1.2 Schwingprüfung mit variabler sinusförmiger Anregung

Eine weitere Art der Schwingprüfung ist die Schwingprüfung mit sinusförmiger Anregung. Die Anregung kann entweder bei einer einzelnen festen Frequenz (Prellprüfung) oder mit variabler Frequenz aus einem vordefinierten Frequenzbereich (Gleitsinusprüfung/engl. sweep test) durchgeführt werden. [77]

Die Grundidee einer Gleitsinusprüfung ist das Ermitteln der Resonanzfrequenzen des Prüfobjektes. Jedes Produkt oder Produkt-Verpackungssystem besitzt eine spezifische Frequenz, die sogenannte Eigenfrequenz, bei der die angeregte Schwingung die größte Überhöhung der Beschleunigung bezogen auf die Anregungsbeschleunigung am Testobjekt aufweist (Resonanz). Bei der Resonanzfrequenz erreichen die Kräfte, die aufgrund von Schwingungen am Produkt angreifen, ihr Maximum. Dies stellt die gefährlichste Situation für ein Produkt dar.

Mithilfe einer Gleitsinusprüfung kann zum einen die Resonanzfrequenz bestimmt werden, zum anderen kann man das Testobjekt sämtlichen Frequenzen, die bei einem Transport auftreten können, aussetzen und es somit einer Belastungsprüfung unterziehen.

Die Kenntnis der Resonanzfrequenzen eines Produktes oder Systems ist elementar, um eine belastungsgerechte Verpackung zu entwickeln, die durch den Einsatz von Polstern gefährliche Frequenzen absorbiert und damit zur Vermeidung von Schäden beiträgt. Bei Transportverpackungen wird normalerweise eine Gleitsinusprüfung durchgeführt, indem die Frequenz in einem definierten Band langsam geändert wird und die Beschleunigung konstant bleibt. Während ein Durchlauf (von der niedrigen Frequenzgrenze bis zur oberen und zurück) üblicherweise zur Ermittlung der Resonanzen ausreicht, sind für den Belastungstest mehrere Durchläufe notwendig. Einen direkten Zusammenhang zwischen der Transportstrecke und der Anzahl der Durchläufe gibt es jedoch nicht.

Die Anregung mit einer einzelnen festen Frequenz wird nur als Belastungstest verwendet. Die Wahl der Prüffrequenz fällt dabei auf die ermittelte Resonanzfrequenz, um das Prüfobjekt an seiner schwächsten Stelle zu testen.

Alle drei Typen von Schwingerregern können theoretisch zur Durchführung eines Tests mit fester Frequenz eingesetzt werden, wobei der Einsatz von elektro-mechanischen Erregern auf niedrige Frequenzen begrenzt ist. Deshalb sind elektro-mechanische Schwinger nicht wirklich für diese Anwendung prädestiniert.

Servo-hydraulische und elektro-dynamische Schwingerreger sind hingegen auch sehr gut geeignet, um Gleitsinusprüfungen durchzuführen. Sie unterscheiden sich aufgrund ihrer Funktionsprinzipien dabei hauptsächlich im Hinblick auf die Frequenzbereiche und die maximalen Massen der Prüfobjekte.

Servo-hydraulische Schwinger können Ladeeinheiten mit mehreren Tonnen Gesamtmasse prüfen, wogegen elektro-dynamische Schwinger ein Ladegewicht von ca. 2000 kg in der Regel nicht überschreiten. Beide Systeme decken die gewünschten Frequenzbereiche bis max. 500 Hz ab, die für die Simulation von Schwingungen beim Transport typisch sind.

3.3.1.3 Schwingprüfung mit rauschförmiger Anregung

Eine dritte Form der Schwingprüfung ist die Schwingprüfung mit rauschförmiger Anregung. Sie stellt den aktuellen Stand der Technik im Hinblick auf eine realistische Simulation von Schwingungen auf Transportmitteln dar.

Da es die verschiedensten Quellen wie beispielsweise Motoren, rotierende Teile im Allgemeinen und schlechte Straßenverhältnisse für das Entstehen von Schwingungen gibt, wirken auf der Ladefläche im Fahrzeug in der Regel keine harmonischen sinusförmigen Schwingungen auf die Ladung, sondern sogenannte rauschförmige Schwingungen.

Bei diesen rauschförmigen Schwingungen handelt es sich um eine Mischung aus einzelnen sinusförmigen Schwingungen mit jeweils einer festen Frequenz. Im Vergleich zur Gleitsinusprüfung werden die jeweiligen Frequenzen nicht nacheinander, sondern nahezu zeitgleich angeregt.

Die Beschleunigungsamplituden bei den einzelnen Frequenzen variieren und unterliegen einer Zufallsverteilung, d. h., dass bei jeder Frequenz unterschiedlich große Beschleunigungsamplituden auftreten.

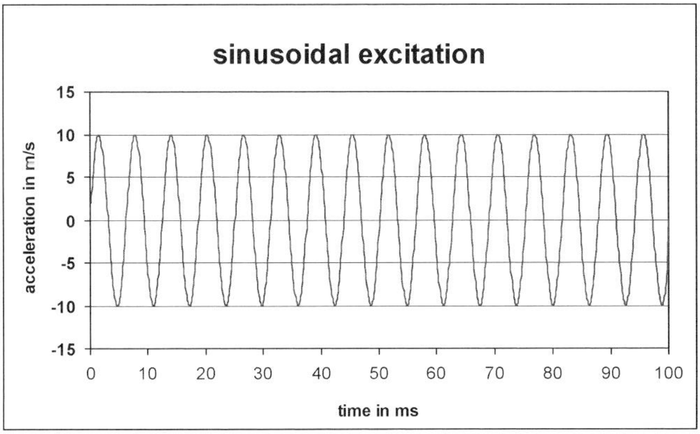

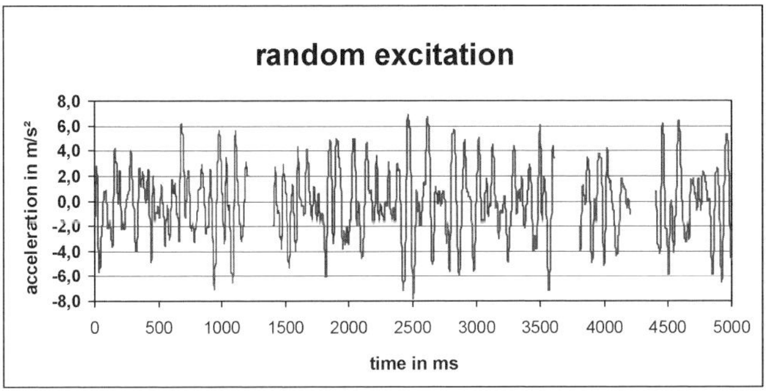

Quelle: BFSV

Bild 36: Anregungsarten für Schwingprüfungen

Bild 36 zeigt beispielhaft den Beschleunigungs-Zeit-Verlauf von einer rauschförmigen Schwingung im Vergleich zu dem einer harmonischen sinusförmigen Schwingung. Rauschförmige Schwingungen werden üblicherweise in Diagrammen mithilfe der sogenannten spektralen Leistungsdichte (engl. Power Spectral Density, PSD) über dem Frequenzbereich dargestellt. Die spektrale Leistungsdichte repräsentiert im Wesentlichen die mittlere Intensität der Schwingungen bei den einzelnen Frequenzen.

Es gibt eine Vielzahl verschiedenster Anregungsspektren (PSD-Profile), um die typischen Schwingbelastungen unterschiedlicher Verkehrsträger und Transportmitteltypen zu simulieren. Rauschförmige Schwingtests werden dabei in der Regel als zeitgeraffte Versuche durchgeführt, d.h., die Prüfdauer ist kürzer als die tatsächliche Fahrzeit für eine bestimmte Transportstrecke.

3.3.1.4 Messen und Regeln von Schwingungen – Resonanzsuche

Als Mittel zum Regeln der Anregungsschwingungen und zum Messen der Antwortbeschleunigung am Testobjekt (z.B. Resonanzsuche) werden hauptsächlich Beschleunigungssensoren eingesetzt.

Moderne Schwingregelungssysteme verfügen über mehrere Mess- und Regelkanäle und ermöglichen damit den Einsatz mehrerer dieser Sensoren zum Messen an verschiedenen Punkten komplexer Systeme. Dies erlaubt eine spezifische Analyse von Resonanzfrequenzen, die an verschiedenen Stellen jedes Produkt-Verpackungssystems auftreten können.

Mithilfe elektro-dynamischer und servo-hydraulischer Schwinger können in einem begrenzten Maße auch Schockprüfungen (Stoß) durchgeführt werden. Als Abgrenzung hierzu werden im folgenden Kapitel spezielle Prüfeinrichtungen für Schockprüfungen vorgestellt.

3.3.2 Vertikale Stoßprüfungen

3.3.2.1 Freier Fall – Test an Packstücken und Ladeeinheiten

Während des gesamten Distributionsprozesses können Stoßbelastungen durch freien Fall auftreten – während des Umschlags, Transports sowie auch beim Einsatz der Produkte.

Diese Ereignisse werden in Testlaboratorien mit vordefinierten freien Fällen simuliert, wobei von entscheidender Bedeutung ist, dass die Versuche unter exakt denselben Bedingungen wiederholt werden können (Reproduzierbarkeit).

Aus diesem Grund müssen die Rahmenbedingungen der Prüfungen konstant gehalten werden und demzufolge die Testverfahren (Fallhöhe, Fallzyklus, ...) sowie Prüfeinrichtungen den Anforderungen von technischen Normen und Standards wie z.B. DIN EN 22248 oder ASTM D5276 entsprechen.

Diese Standards fordern beispielsweise eine präzise Einstellung der Fallhöhe sowie der Ausrichtung des Testobjektes beim Aufprall und stellen bestimmte Anforderungen an die Aufprallfläche (Boden), unabhängig von der Art der Prüfeinrichtung.

Üblicherweise muss die Aufprallfläche (einschließlich Fundament) mindestens das Fünfzigfache der Masse des Prüfobjektes aufweisen und darüber hinaus biegesteif und eben sein. Deshalb besteht die Aufprallfläche meist aus einer Stahlplatte auf einem Fundament aus Beton oder Stein.

Ein Falltisch (s. Bild 37) wird normalerweise für Fallprüfungen an kleineren Packungen/Packstücken bis ca. 80 kg genutzt, aber es gibt auch größere Ausführungen bis ca. 300 kg Packstückmasse.

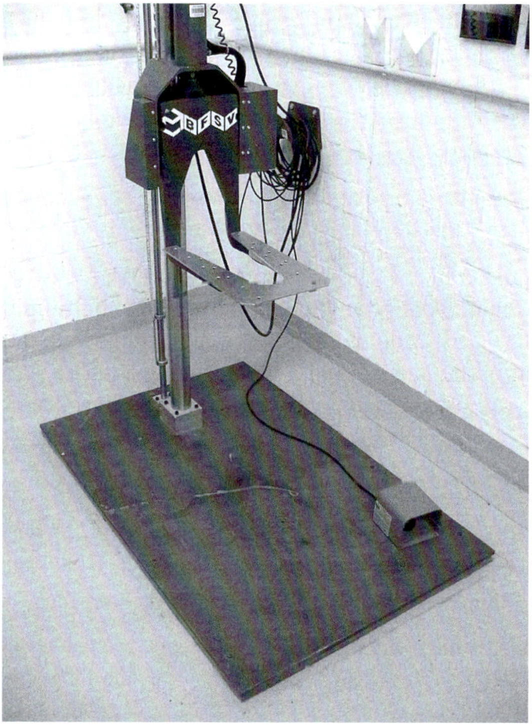

Quelle: BFSV

Bild 37: Falltisch

Bei Verwendung des Falltisches wird das Testobjekt auf einem beweglichen Tisch platziert, der beim Auslösen zudem sehr schnell nach hinten klappt. Das besonders schnelle Wegklappen des Tisches ist notwendig, um einen freien Fall ohne Abbremsen des Objektes beim Auslösen des Falls zu erzielen.

Schwerere und größere Gegenstände, wie beispielsweise große Holzkisten oder palettierte Ladeeinheiten, können mithilfe eines Fallhakens getestet werden. Mit der Einpunktaufhängung wird dabei erreicht, dass sich der Schwerpunkt des Prüflings stets unter der Aufhängung befindet und damit Drehmomente vermieden werden. Dadurch kann die gewünschte Orientierung (Aufprallwinkel) beim Aufprall (Ecke, Kante, Fläche) problemlos eingehalten werden.

Um den freien Fall auszulösen, wird der Fallhaken von seiner Aufhängung getrennt, wozu z. B. ein Seil zerschnitten bzw. pneumatisch oder mithilfe eines Magnetschalters ausgelöst wird.

3.3.2.2 Kipp-Fall-Prüfungen von Ladeeinheiten

Mechanische Stöße durch drehende Bewegung können während des Umschlags von Ladeeinheiten (Paletten), großen Kisten oder Verschlägen beispielsweise durch Flurförderzeuge oder durch andere mechanische Einwirkungen verursacht werden.

Die Bodenfläche, eine Ecke oder Kante der Ladeeinheit könnte fallen oder uneben auf dem Boden abgesetzt werden. Diese Ereignisse werden in einem Prüflabor durch Fall auf die Ecken, Kanten oder Bodenfläche nachgebildet.

Je nachdem, worauf das Testobjekt fallen soll, unterscheiden sich die Prüfaufbauten.

Beim Kipp-Fall auf die Bodenfläche (engl. rotational flat drop) steht eine Kante der Palette auf dem Boden und die gegenüberliegende Kante wird auf eine definierte Fallhöhe h_c angehoben (s. Bild 38). Beim Auslösen des Falls verändert die Ladeeinheit ihre Neigung (Rotation) und schlägt flach auf dem Boden auf.

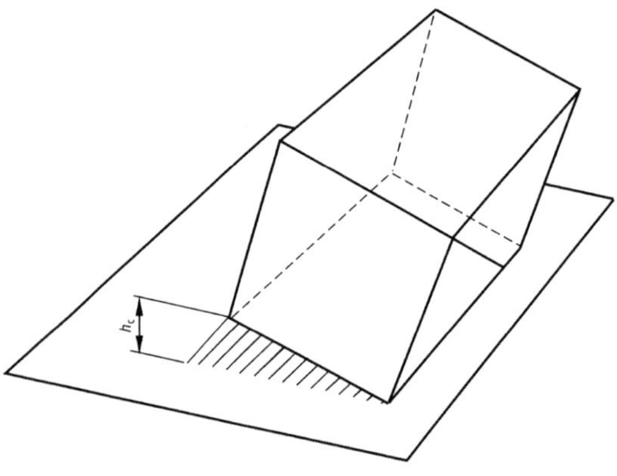

Bild 38: Kipp-Fall-Prüfung – Stoß auf eine Fläche

Soll ein Kipp-Fall auf eine Kante (engl. rotational edge drop) erfolgen, wird eine Bodenkante der Ladeeinheit auf einen Balken definierter Abmessungen gelegt und die gegenüberliegende Seite auf eine definierte Höhe angehoben (s. Bild 39). Wie oben geschildert, verändert das Packstück auch hier nach Auslösen seine Neigung, prallt aber auf eine Kante.

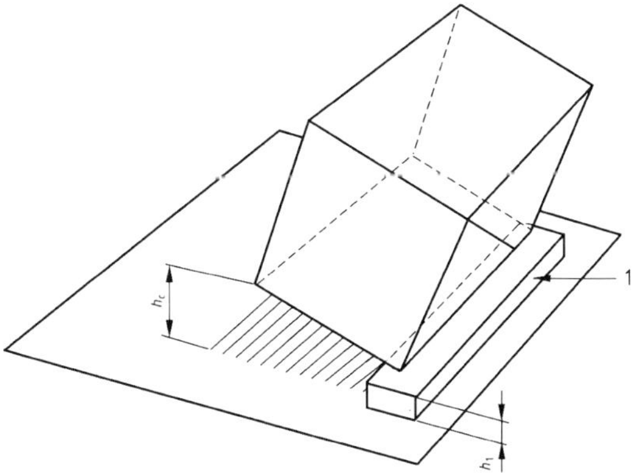

Bild 39: Kipp-Fall-Prüfung – Stoß auf eine Kante

Für einen Kipp-Fall auf eine Ecke (engl. rotational corner drop) wird ähnlich dem Kantenfall nun eine Ecke des zu prüfenden Packstücks auf einem Balken gelagert, die gegenüberliegende Ecke angehoben und fallen gelassen (s. Bild 40).

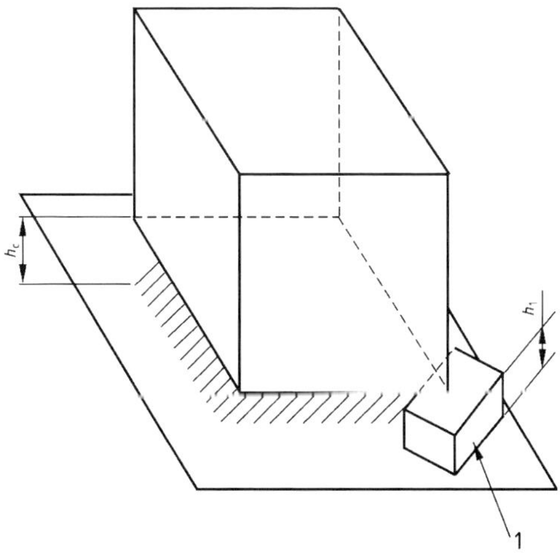

Bild 40: Kipp-Fall-Prüfung – Stoß auf eine Ecke

3.3.3 Horizontale Stoßprüfungen

Horizontale Kräfte treten im Versandprozess z. B. beim Bereitstellen von Paletten (Aneinanderstoßen), beim Rangieren von Güterwagen und vielen weiteren Ereignissen auf. In Verbindung mit ungesicherter Ladung kann dies zu horizontalen Stoßbelastungen an Packungen und Ladeeinheiten führen.

Da diese Belastungen in horizontaler Richtung nicht wie Schwingungen dauerhaft wirken, sondern meist als Einzelereignisse auftreten, handelt es sich eher um Stoßbelastungen.

3.3.3.1 Schiefe Ebene

Ursprünglich wurde die schiefe Ebene zum Erzeugen von horizontalen Stößen entwickelt. Heute gilt sie zum Nachbilden spezieller Belastungen, wie dem Rangieren, nur als bedingt geeignet. Dies ist auf das Funktionsprinzip (Schwerkraftantrieb) zurückzuführen, wodurch bei solchen Prüfungen im Vergleich zur Praxis immer eine Kraftkomponente der Gravitationskraft am Generieren des Stoßes beteiligt ist. Dennoch kann diese Prüfung sehr gut zum Bewerten von Produkten im Hinblick auf die Widerstandsfähigkeit gegenüber verschiedensten Stoßbelastungen genutzt werden.

Das Funktionsprinzip der schiefen Ebene beruht auf der Gravitation, durch die eine Ladung auf einem Schlitten eine schiefe Ebene im Winkel von 10° auf Stahlschienen hinuntergleitet (s. Bild 41).

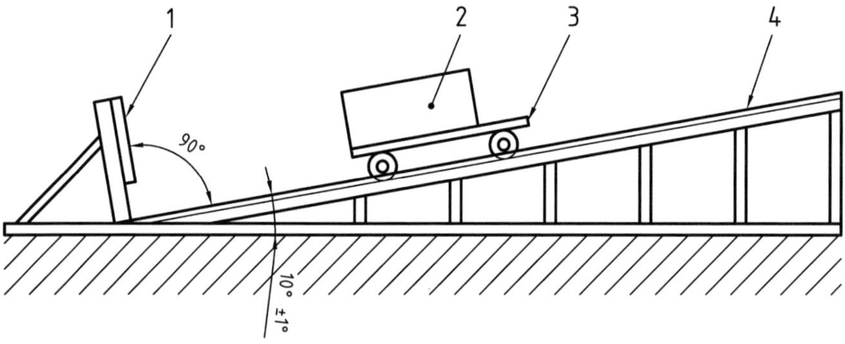

Legende

1 Aufprallfläche (oder Puffer)

2 Zu prüfendes Packstück (Prüfgegenstand)

3 Rollwagen

4 Laufbahn aus zwei Stahlschienen

Bild 41: Schiefe Ebene [78]

Hierzu muss zunächst der Schlitten auf die definierte erhöhte Position gezogen werden. Der mechanische Stoß wird in dem Moment erzeugt, wenn das Testobjekt gegen die Aufprallfläche fährt, die am tiefer liegenden Ende der schiefen Ebene steht. Um sicherzustellen, dass nur das auf dem Schlitten befestigte Testobjekt auf die Aufprallfläche trifft, muss das zu prüfende Objekt wenige Zentimeter über die Kante des Schlittens ragen. Der Schärfegrad des Aufpralls, der einer bestimmten Aufprallgeschwindigkeit entspricht, kann durch die variable Ablaufhöhe des Schlittens beim Auslösen unter Berücksichtigung der Reibung gesteuert werden.

3.3.3.2 Waagerechte Ebene

Alternativ zur schiefen Ebene können horizontale Stöße auch mit der waagerechten Ebene erzeugt werden. Der Schlitten wird im Gegensatz zur Prüfung auf der schiefen Ebene nicht durch Gravitation angetrieben, sondern z. B. elektrisch. Einige Modelle verfügen neben der Stoßsimulation zusätzlich über die Möglichkeit, Bremsversuche mit definierten Verzögerungen auch als wiederholte Wechselbelastung durchzuführen (s. Bild 42).

Quelle: SCUS GmbH

Bild 42: Waagerechte Ebene und Bremseinrichtung

3.3.3.3 Horizontale Schockprüfeinrichtung

Eine technisch höher entwickelte Prüfeinrichtung, die es ermöglicht, definierte horizontale Stöße zu simulieren, wie sie z. B. beim Rangieren auftreten, ist ein sogenanntes horizontales Schockprüfsystem, das beispielsweise den Anforderungen von ASTM D4003 genügt (s. Bild 43).

Der Schlitten wird wie bei der waagerechten Ebene z. B. elektrisch angetrieben. Dabei ist er mit einer senkrechten Wand ausgestattet, um die Stirnwand eines Güterwagens möglichst realistisch nachzubilden. Ein definierter Stoß beim Auftreffen des Wagens wird durch sogenannte „Shock programmer“ zwischen Rückwand am Wagen und der Aufprallmasse erreicht.

Quelle: Lansmont

Bild 43: Horizontales Stoßprüfsystem

3.3.4 Stauchprüfungen

Stauchprüfungen werden üblicherweise mit einer sogenannten Stauchdruckpresse in einem Langzeitversuch bis zum Versagen des Prüfmusters durchgeführt. Dabei werden die Druckbelastungen simuliert, wie sie z. B. auf eine überstapelte Ladeeinheit oder ein großes Packstück während eines Transportes oder der Lagerung wirken können.

Darüber hinaus kann die maximale Stapelhöhe z.B. für die Blocklagerung durch den maximalen Stapeldruck, dem eine Ladeeinheit standhält, in einem Kurzzeitversuch bestimmt werden.

Die maximale Stapelhöhe wird dabei aus dem Maximaldruck errechnet, wobei Sicherheitsfaktoren für die Langzeitlagerung und feuchtes Klima berücksichtigt werden. Letzteres beeinträchtigt vor allem die Festigkeit von Verpackungen aus hygroskopischen Packstoffen wie z. B. Wellpappe.

Das Funktionsprinzip einer Stauchdruckpresse ist relativ einfach. Es gibt zwei planparallele Druckplatten, von denen sich die obere Platte absenken lässt (s. Bild 44).

Die untere Platte ist normalerweise fest installiert, sodass sich nur die obere Druckplatte bewegt. Die obere Druckplatte bewegt sich bei der Prüfung von Verpackungen in der Regel mit einer Geschwindigkeit von 10 mm/min (DIN 55440-1).

Ferner ist in DIN EN ISO 12048 festgelegt, dass die Oberflächen der Druckplatten extrem eben sein und eine hohe Festigkeit aufweisen müssen. Die maximale Höhendifferenz darf 1:1000 für Druckplatten betragen, die kleiner als 1 m^2 sind, und 1 mm für Druckplatten, die größer 1 m^2 sind.

Quelle: BFSV

Bild 44: 20-Tonnen-Stauchpresse

3.3.5 Klimaprüfungen und klimatische Vorbehandlung

Waren im Güterverkehr, vor allem in weltweiten Lieferketten, können verschiedensten klimatischen Bedingungen ausgesetzt sein, von Temperaturen im Frostbereich bis zu tropisch-feuchtem Klima. Neben den verschiedenen Temperaturen unterschiedlicher Klimazonen gibt es auch große Temperaturschwankungen zwischen Tag und Nacht.

Klimakammern (s. Bild 45) bieten die Möglichkeit, diese Umweltbedingungen in einem Labor zu simulieren. Es ist möglich, Temperatur und Luftfeuchte als konstante Belastung, aber auch variabel über einen bestimmten Zeitraum (Klimazyklus) auf eine Ladeeinheit einwirken zu lassen. Eine solche zyklische Prüfung bietet die Möglichkeit, Klimabedingungen zu simulieren, die beim Durchfahren von Klimazonen auftreten können.

Typische Testsequenzen enthalten Kälte, trockene Wärme und feuchte Wärme sowie Betauungsvorgänge. Die Abmessungen von Klimaprüfeinrichtungen sind sehr unterschiedlich und variieren von kleinen Schränken ($< 1\ m^3$) bis hin zu größeren begehbaren Räumen.

Quelle: BFSV

Bild 45: Begehbare Klimakammer

Die Temperaturbereiche solcher Einrichtungen variieren zwischen −80° C und +200° C und die relativen Luftfeuchten zwischen ca. 10 % und 95 %, je nach Temperatur. Die relative Luftfeuchte ist aber meist nur über einen Teil des gesamten Temperaturbereiches mit der Temperatur kombinierbar.

Neben der Simulation von Transportbelastungen werden Klimakammern vorzugsweise auch zur klimatischen Vorbehandlung (Vorkonditionierung) von Prüfmustern genutzt. Die Vorkonditionierung ist erforderlich, da das Klima starken Einfluss auf die Festigkeit von hygroskopischen Packstoffen wie Papier, Wellpappe usw. hat.

Ein beschleunigtes Altern von Packstoffen durch erhöhte Temperaturen und Korrosionstests durch kontrollierte Kondensationsprozesse sind weitere Beispiele für Einsatzgebiete von Klimakammern.

3.3.6 Prüfprogramme und Übersicht der Normen für Laborprüfungen

3.3.6.1 Non-Simulation Integrity Testing

Prüfprogramme dieser Art bestehen in der Regel aus wenigen Prüfungen und simulieren keine Belastungen aus ganzen Transportketten. Sie dienen meist Voruntersuchungen an Verpackungen, z. B. zum Vergleich von mehreren Verpackungslösungen, und enthalten einfache Tests wie eine Fallprüfung und eine Schwingprüfung mit niedriger Festfrequenz. Ein Beispiel für ein solches Prüfprogramm ist die Serie 1 der ISTA (1A, 1B, ...).

3.3.6.2 General Simulation Performance Tests (Maßgeschneiderte Prüfprogramme auf Basis standardisierter Prüfverfahren und -parameter)

„General Simulation Performance Tests“ sind eine gute Grundlage für Laboruntersuchungen. Diese Prüfprogramme bestehen aus vielen Einzelprüfungen mit dem Ziel der Simulation der Belastungen realer Transportketten.

Die eigentlichen Simulationsparameter sind dabei keine Messwerte einer speziellen Transportkette, sondern Belastungen jeder Art (Vibration, Stoß, Klima etc.) und typischer Intensität.

Diese Belastungen stellen einen repräsentativen Querschnitt der Transportbelastungen dar, die in vielen Messungen unter den verschiedensten Bedingungen (Fahrzeugart, Straßenqualität, Verkehrsaufkommen etc.) ermittelt wurden.

Diese Prüfprogramme sind weitaus komplexer als bei Non-Simulation-Tests und aufgrund des hohen Messaufwands für Belastungen spezieller Transportketten die häufigste Testart in der Praxis.

Beispiele solcher Prüfprogramme bzw. Anleitungen zum Erstellen der Prüfprogramme sind in DIN EN 24180-2, DIN EN 15552, ASTM D4169 sowie der Serie 2 und 3 der ISTA (2A, 2B, ..., 3A, ...) enthalten.

Die Auswahl der jeweiligen Prüfverfahren für ein gesamtes Prüfprogramm basiert auf der Gegenüberstellung der zu erwartenden TUL-Belastungen in der jeweiligen Transportkette (eingesetzte TUL-Technik, Transportentfernungen, Klimazonen etc.) mit dem Empfindlichkeitsprofil des Packgutes (Stoß-, Hitze-, Druckempfindlichkeit etc.).

Auf diese Weise werden nur relevante Prüfungen ausgewählt (Wirtschaftlichkeit). Es würde z. B. keinen Sinn ergeben, eine Unterdruckprüfung (Luftdruckabfall im Gebirge) durchzuführen, wenn sich das Produkt oder die Verpackung unter diesen Bedingungen ohnehin nicht ausdehnen würde (starre Verpackungen).

3.3.6.3 Focused Simulation

Unter „Focused Simulation“ versteht man die Verwendung tatsächlich gemessener Daten von Transportbelastungen (im Gegensatz zu genormten Belastungsgrößen) als Eingangsgrößen für die Transportsimulation.

Messtechnik zum Aufzeichnen von Schwingungen, Fallhöhen, Temperatur- und Luftfeuchtigkeitsextremen und Druckbelastungen ist dazu notwendig.

Messungen dieser Art und die Aufbereitung der Daten als Eingangsgrößen sind sehr aufwendig. Daher wird dieses Verfahren in der Praxis nur in speziellen Fällen angewandt.

Die gemessenen Belastungen beziehen sich jeweils nur auf die speziell untersuchte Transportkette und sind daher nur bedingt für die Simulation anderer Transportketten geeignet.

3.3.6.4 Übersicht der Normen für Laborprüfungen

Tabelle 3: Auswahl typischer Prüfnormen für Verpackungsprüfungen mittels Transportsimulation

TUL – Belastung	Prüfung	Prüfverfahren	Belastungs-parameter
Klima	Klimaprüfung	DIN EN ISO 2233 ASTM D4332	DIN EN ISO 2233 DIN EN 15552 ASTM D4332 ASTM D4169 ISTA Serie
Stapeldruck	Stauchdruck-prüfung/Stapel-prüfung	DIN EN ISO 12048 DIN EN ISO 2234 DIN 55440-1 ASTM D642	DIN EN ISO 4180 DIN EN 15552 ASTM D4169 ISTA Serie
Vertikale Stöße beim Umschlag	Freier-Fall-Prüfung	DIN EN 2248 ASTM D5276	DIN EN ISO 4180 DIN EN 15552 ASTM D4169 ISTA Serie
	Kipp-Fall-Prüfung	DIN EN 14149 ASTM D6179	DIN ISO 10531 DIN EN 15552 ASTM D4169 ISTA Serie FedEx

TUL – Belastung	Prüfung	Prüfverfahren	Belastungs-parameter
	Umstürzprüfung	DIN EN 28768 ASTM D6179	DIN EN 28768 DIN EN 15552 ASTM D4169 ISTA Serie
	Schockprüfung	ASTM D5487	DIN 30786-2 ASTM D4169
Transport-schwingungen	Schwingprüfung mit rauschförmiger Anregung	DIN EN ISO 13355 ASTM D4728 MIL-STD 810	DIN EN ISO 4180 DIN EN 15552 DIN 30786-2 ASTM D4169 MIL-STD 810 ISTA Serie
Transportstöße auf Lkw-Ladefläche	Schockprüfung	DIN EN 60068-2-27	DIN 30786-2 DEF STAN 00-35
	Schwingprüfung mit niedriger Festfrequenz (Dauerstoßbelastung/ Prellen)	DIN EN ISO 2247 ASTM D999	DIN EN ISO 4180 DIN EN 15552 ASTM D4169 ISTA Serie
Horizontale Stöße	Schiefe Ebene	DIN EN ISO 2244 ASTM D5277 ASTM D880	DIN EN ISO 4180 DIN EN 15552 ASTM D4169 ISTA Serie
Horizontale Stöße	Waagerechte Ebene	DIN EN ISO 2244 ASTM D4003	DIN EN ISO 4180 DIN EN 15552 ASTM D4169
Niedriger Luft-druck	Vakuumkammer	DIN EN ISO 2873 ASTM D6653	DIN EN ISO 2873 DIN EN ISO 4180 ASTM D4169

3.3.6.5 VDI-Richtlinien für die Sicherung von Ladeeinheiten und Ladungen

Der VDI – Verein Deutscher Ingenieure e. V. – ist der größte deutsche Verein, der pro Jahr bis zu 250 wissenschaftlich-technische Regeln herausgibt, die neben den DIN-Normen den aktuellen Stand der Technik abbilden. Mit dem praxisorientierten VDI-Richtlinienwerk werden seit Jahrzehnten Qualitätsstandards in fast allen Industriebereichen und Gewerken gesetzt, Impulse für neue Technologien gegeben und zukunftsfähige wissenschaftliche Lösungen umgesetzt.

Zu diesem Regelwerk zählen die VDI Richtlinienreihen zur Ladeeinheiten- und Ladungssicherung. An den Transport von Waren werden hohe Sicherheitsanforderungen gestellt, denn ungesicherte Ladeeinheiten und Ladungen können große Schäden an Personen, Gütern und der Umwelt verursachen.

Zuerst wurde mit dem 1957 erarbeiteten Übereinkommen über die internationale Beförderung gefährlicher Güter auf der Straße – dem ADR – vor allem der Ladungssicherung von gefährlichen Gütern Beachtung geschenkt. Ende der 70er Jahre wurden Grundlagen des Verzurrens der Packungen zur Ladungssicherung entwickelt, die 1985 in die VDI-Richtlinie 2701 über Zurrmittel mündeten. Danach wurden die Zurrgurte entwickelt und im DIN-Normenwerk festgehalten. Seit Mitte der neunziger Jahre erschien die Reihe der VDI-Richtlinien 3968 zur Sicherung von Ladeeinheiten. 2002 entstand die VDI 2700a, die die Ausbildung zum Thema Ladungssicherung unterstützte und 2014 mit Blatt 1 präzisiert wurde. Seit 2004 ist die nach und nach entwickelte Richtlinienreihe 2700, die inzwischen 19 Blätter umfasst, das Grundlagenwerk zur Ladungssicherung von Waren auf Straßenfahrzeugen.

So stellt Blatt 2 dar, welche Kräfte auf Ladung und Ladungssicherungsmittel während des Transportes einwirken, wie Güter an der Längsachse oder quer sicher verladen werden, wie die Sicherung durch Zurrgurte berechnet wird und wie die Reibung zwischen Transportgut und Ladefläche sowie zwischen Zurrmittel und Gut einzuschätzen ist. Unterstützend dazu enthält Blatt 4 einen Lastverteilungsplan.

Blatt 3.1 beinhaltet Erläuterungen zu Zurrgurten, -ketten und Drahtseilen und deren fachgerechte Anwendung, aber auch zu den festverbauten Einrichtungen wie Lochschienen, Zurrschienen, Coilmulden, Einsteckrungen, Zahnleisten und zur Verwendung von Leerpaletten, Luftsäcken, Polstern, Netzen und Planen.

Blatt 5 behandelt die Ladungssicherung als Qualitätssicherungsmerkmal.

Blatt 6 beinhaltet die Probleme des Zusammenladens von Stückgut, Blatt 7 die Ladungssicherung im Kombinierten Verkehr und die Blätter 8.1 und 8.2 die Ladungssicherung bei Fahrzeugtransporten. Die folgenden Blätter geben

Ladungssicherungshinweise für den Stückguttransport von Papierrollen (Blatt 9), Betonteile sowie Betonstahl (Blätter 10 und 11), Getränkepackungen (Blatt 12), Stahlband, Blech und Formstahl (Blatt 19) sowie für Großraum- und Schwertransporte (Blatt 13). Weiterhin enthält Blatt 16 Hinweise zur Ladungssicherung bei Transportern unter 7,5 Tonnen und Blatt 17 bei Absetzbehältern. Blatt 14 behandelt die Ermittlung von Reibbeiwerten und Blatt 15 die Auswahl rutschhemmender Materialien. Hinweise für den Transport von Schüttgut in flexiblen Verpackungen gab es in Blatt 18 die entsprechenden Informationen.

Tabelle 4: Übersicht der VDI-Richtlinien zur Sicherung von Ladeeinheiten und Ladungen

VDI – Nummer	Ausgabedatum	Inhalt
Reihe VDI 2700 ff.		
2700	2004-11	Ladungssicherung auf Straßenfahrzeugen
2700a	2008-07	Ausbildungsnachweis Ladungsicherung
2700-Blatt 1	2014-05	Ausbildung und deren Inhalte
2700 Blatt 2	2014-07	Berechnung von Sicherungskräften
2700 Blatt 3.1	2006-10	Gebrauch von Zurrmitteln
2700 Blatt 4	2012-03	Lastverteilungsplan
2700 Blatt 5	2011-12	Qualitätsmanagement
2700 Blatt 6	2006-10	Zusammenladung von Stückgütern
2700 Blatt 7	2014-07	Ladungssicherung im Kombinierten Verkehr
2700 Blatt 8.1	2009-04	Sicherung von PKW/leichten Nutzfahrzeugen auf Transportern
2700 Blatt 8.2	2010 12	Sicherung von schweren Nutzfahrzeugen auf Transportern
2700 Blatt 9	2006-04	Ladungssicherung von hart gewickelten Papierrollen
2700 Blatt 10.1	2016-11	Ladungssicherung von Betonfertigteilen/flächigen Bauteilen
2700 Blatt 11	2006-10	Ladungssicherung von Betonstahl

VDI – Nummer	Ausgabedatum	Inhalt
2700 Blatt 12	2009-01	Ladungssicherung von Getränke-produkten
2700 Blatt 13	2010-05	Großraum- und Schwertransporte
2700 Blatt 14	2011-09	Ermittlung von Reibbeiwerten
2700 Blatt 15	2009-05	Rutschhemmende Materialien zur Ladungssicherung
2700 Blatt 16	2009-07	Ladungssicherung bei Transportern bis 7,5 Tonnen
2700 Blatt 17	2009-04 (zurückgezogen 2017-08)	Ladungssicherung bei Absetzkipper-fahrzeuge
2700 Blatt 18 (Entwurf)	2014-10	Ladungssicherung von Schüttgütern in flexiblen Verpackungen
2700-Blatt 19	2011-01	Ladungssicherung von gewickeltem Bandstahi, Blechen und Formstahl
Reihe VDI 3968 ff. 3968 Blatt 1	2013-04	Sicherung von Ladeeinheiten; Anforderungsprofil
3968 Blatt 2	1994-01	Organisatorisch-technische Ver-fahren
3968 Blatt 3	1994-01	Sicherung von Ladeeinheiten durch Umreifen
3968 Blatt 4	1994-01	Sicherung von Ladeeinheiten durch Schrumpfen
3968 Blatt 5	2009-12	Sicherung von Ladeeinheiten durch Stretchen
3968 Blatt 6	1994-01 (zurückgezogen 2015-06)	Sicherung von Ladeeinheiten durch andere Verfahren

Außer den genannten VDI-Richtlinien ist zur Sicherung von Ladeeinheiten und Ladungen die Beachtung der folgenden DIN-Normen [80] [81] [82] zu empfehlen:

DIN EN 12195-1:2021-01 – Ladungssicherung auf Straßenfahrzeugen – Sicherheit – Teil 1: Berechnung von Sicherungskräften; Deutsche Fassung EN 12195-1: 2010 + AC:2014

DIN EN 12195-2:2001-02 – Ladungssicherungseinrichtungen auf Straßenfahrzeugen – Sicherheit – Teil 2: Zurrgurte aus Chemiefasern; Deutsche Fassung EN 12195-2:2000

DIN EN 12195-4:2004-04 – Ladungssicherungseinrichtungen auf Straßenfahrzeugen – Sicherheit – Teil 4: Zurrdrahtseile; Deutsche Fassung EN 12195-4:2003

Quellenverzeichnis

[1] DIN EN ISO 186:2002-08 Papier und Pappe – Probenahme zur Bestimmung der Durchschnittsqualität

[2] DIN EN ISO 536:2020-05 Papier und Pappe – Bestimmung der flächenbezogenen Masse

[3] DIN EN ISO 534:2012-02 Papier und Pappe – Bestimmung der Dicke, der Dichte und des spezifischen Volumens

[4] DIN EN ISO 287:2018-03 Papier und Pappe – Bestimmung des Feuchtegehaltes eines Lieferpostens – Wärmeschrankverfahren

[5] DIN ISO 1924-3:2007-06 Papier und Pappe – Bestimmung von Eigenschaften bei zugförmiger Belastung – Teil 3: Verfahren mit konstanter Dehngeschwindigkeit (100 mm/min)

[6] DIN EN ISO 2758:2014-12 Papier – Bestimmung der Berstfestigkeit

[7] DIN EN ISO 2759:2014-10 Pappe – Bestimmung der Berstfestigkeit

[8] DIN EN ISO 1974:2012-09 Papier – Bestimmung des Durchreißwiderstandes – Elmendorf Methode

[9] DIN 53121:2014-08 Prüfung von Papier, Karton und Pappe – Bestimmung der Biegesteifigkeit nach der Balkenmethode

[10] DIN EN ISO 53123-1:2005-04 Bestimmung der Biegesteifigkeit – Teil 1: Resonanzlängen Verfahren

[11] DIN 54516:2004-10 Prüfung von Papier und Pappe – Bestimmung des Spaltwiderstandes

[12] DIN 54519:2009-04 Prüfung von Pappe – Bestimmung des Kantenstauchwiderstandes von Vollpappe (zurückgezogen ohne Ersatz)

[13] DIN 55437-1 und DIN 55437-2: Prüfung von Faltschachtelkarton – Rillungen (Ausgaben sind derzeit in der Veröffentlichung)

[14] DIN 54518:2004-03 Prüfung von Papier und Pappe – Streifenstauchwiderstand

[15] DIN 53134:2005-04 Prüfung von Papier und Pappe – Bestimmung des Ringstauchwiderstandes (ersatzlos zurückgezogen)

[16] DIN EN ISO 3035:2021-02 Einseitige und einwellige Wellpappe – Bestimmung des Flachstauchwiderstandes

[17] DIN EN ISO 3037:2013-12 Wellpappe – Bestimmung des Kantenstauchwiderstandes (Verfahren für ungewachste Kanten)

[18] DIN 53142-1:2014-12 und DIN 53142-2:2014-12 Prüfung von Pappe – Durchstoßprüfung

[19] DIN 53133:2015-12 Prüfung von Pappe – Bestimmung der Wasserbeständigkeit der Verklebung von Wellpappe

[20] DIN 53145-1:2012-03 und DIN 53145-2: 2012-03 Prüfung von Papier und Pappe – Meßgrundlagen zur Bestimmung des Reflexionsfaktors

[21] DIN 53146:2016-05 Prüfung von Papier und Pappe – Bestimmung der Opazität

[22] DIN 53107:2016-05 Prüfung von Papier und Pappe – Bestimmung der Glätte nach Bekk

[23] DIN 53108:2018-12 Prüfung von Papier und Pappe – Bestimmung der Rauheit nach Bendtsen

[24] DIN 53109:2008-05 Prüfung von Papier und Pappe – Bestimmung des Abriebs nach dem Reibradverfahren

[25] DIN ISO 8226-1:1998-05 Papier und Pappe – Bestimmung der Feuchtedehnung – Teil 1: Feuchtedehnung bis zu einer maximalen relativen Luftfeuchte von 68 %

[26] DIN 53120-1:2018-03 Prüfung von Papier und Pappe – Bestimmung der Luftdurchlässigkeit

[27] DIN EN ISO 535:2014-06 Papier und Pappe – Bestimmung des Wasserabsorptionsvermögens – Cobb-Verfahren

[28] DIN 53116:2003-02 Prüfung von Papier – Bestimmung der Fettdurchlässigkeit

[29] DIN 53122:2001-08 Prüfung von Kunststoff-Folien, Elastomerfolien, Papier, Pappe und anderen Flächengebilden – Bestimmung der Wasserdampfdurchlässigkeit – Teil 1: Gravimetrisches Verfahren

[30] DIN 54378:2021-02 Prüfung von Papier, Karton und Pappe – Bestimmung der Oberflächenkolonienzahl (OKZs)

[31] DIN 54379:1992-02 Prüfung von Papier, Karton und Pappe – Bestimmung der Gesamtkolonienzahl (GKZ)

[32] DIN EN 1230-1:2010-02 Papier und Pappe, vorgesehen für den Kontakt mit Lebensmitteln – Sensorische Analysen – Teil 1: Geruch

[33] DIN EN 1230-2:2018-10 Papier und Pappe, vorgesehen für den Kontakt mit Lebensmitteln – Sensorische Analysen – Teil 2: Geschmacksübertragung

[34] DIN 16906:2017-11 Prüfung von Kunststoffbahnen und Kunststoff-Folien – Probe und Probekörper – Entnahme, Vorbehandlung

[35] DIN ISO 4593:2019-06 Prüfung von Kunststoff-Folien – Bestimmung der Dicke durch mechanische Abtastung

[36] DIN 53366:2007-10 Prüfung von Kunststoff-Folien und Kunststoffbahnen – Bestimmung der Blockkraft

[37] DIN ISO 8296:2008-03 Kunststoffe – Folien und Bahnen – Bestimmung der Benetzungsspannung

[38] DIN EN ISO 8295:2004-10 Kunststoffe – Folien und Bahnen – Bestimmung der Reibungskoeffizienten

[39] Baur, E.; Brinkmann, S.; Osswald, T.; Schmachtenberg, E. (Hrsg.): Saechtling Kunststoff Taschenbuch, 30. Auflage; München: Hanser Verlag, 2007

[40] DIN EN ISO 527-1:2019-02 bis DIN EN ISO 527-5:2010-01 Kunststoffe – Bestimmung der Zugeigenschaften

[41] DIN EN ISO 178:219-08 Kunststoffe – Bestimmung der Biegeeigenschaften

[42] DIN EN ISO 604:2003-12 Kunststoffe – Bestimmung von Druckeigenschaften

[43] DIN 53369:1976-02 Prüfung von Kunststoff-Folien; Bestimmung der Schrumpfkraft

[44] DIN 53363:2003-10 Prüfung von Kunststoff-Folien; Weiterreißversuch an trapezförmigen Proben mit Einschnitt

[45] DIN EN ISO 6383-1:2016-05 Kunststoffe – Folien und Bahnen – Bestimmung der Reißfestigkeit – Teil 1: Hosenreiß-Verfahren

[46] DIN EN ISO 7765-1:2004 10 Kunststofffolien und -bahnen – Bestimmung der Schlagfestigkeit nach dem Fallhammerverfahren – Teil 1: Eingrenzungsverfahren

[47] DIN EN 14477:2004-06 Verpackung, Flexible Packstoffe – Bestimmung der Durchstoßfestigkeit – Prüfverfahren

[48] DIN EN ISO 15106-3:2005-05 Kunststoffe – Folien und Flächengebilde – Bestimmung der Wasserdampfdurchlässigkeit – Teil 3: Elektrolytnachweis-Sensorverfahren

[49] DIN 53380-1:2000-07 bis DIN 53380-4:2006-11 Prüfung von Kunststoffen – Bestimmung der Gasdurchlässigkeit

[50] DIN EN 13628 und DIN EN 13628-2:2003-01 Verpackung, Flexible Packstoffe – Bestimmung der Restlösemittel durch statische Dampfraumanalyse mittels Gaschromatographie

[51] DIN EN ISO 175:2001-03 Kunststoffe – Prüfverfahren zur Bestimmung des Verhaltens gegen flüssige Chemikalien

[52] DIN EN ISO 176:2005-05 Kunststoffe – Bestimmung der Weichmacherabgabe – Aktivkohleverfahren

[53] DIN EN ISO 177:2017-05 Kunststoffe – Bestimmung der Migration von Weichmachern

[54] DIN EN ISO 4892-1:2006-10 und DIN EN ISO 4892-2:2021-11 Kunststoffe – Künstliches Bestrahlen oder Bewittern in Geräten

[55] DIN 55405:2014-12 Verpackung – Technologie – Begriffe

[56] DIN 55445-1:2017-01 bis DIN 55445-3:2016-09 Verpackungsprüfung – Prüfung von Nähten an Säcken

[57] DIN 55543-2:2011-05 Verpackungsprüfung – Prüfverfahren für Verpackungsfolien – Teil 2: Bestimmung des Schälwiderstandes von Klebenähten an Säcken

[58] DIN 55543-3:2010-06 Verpackungsprüfung – Prüfverfahren für Verpackungsfolien – Teil 3: Bestimmung der Festigkeit von Längsnähten an Säcken und Beuteln

[59] DIN 55529:2012-09 Bestimmung der Siegelnahtfestigkeit von Siegelungen aus flexiblen Packstoffen

[60] DIN 55533:2005-05 Verpackungsprüfung: Integrales Dichtheitsprüfverfahren für Folienverpackungen mit einer flexiblen Prüfkammer und Prüfgas

[61] DIN 55409-1:2012-09 Verpackung – Prüfverfahren zur Bestimmung von Öffnungskräften an peelbaren Verpackungen – Teil 1: Flexible Packmittel

[62] DIN EN 12375:2009-08 Packmittel – Aluminiumtuben – Bestimmung der Manteldicke

[63] DIN EN 13048:2009-08 Packmittel – Aluminiumtuben – Bestimmung der Dicke der Innenschutzlackierung

[64] DIN EN 15384-1:2017-04 und DIN EN 15384-2:2017-04 Packmittel – Aluminiumtuben – Prüfverfahren zur Bestimmung der Porosität der Innenbeschichtung

[65] DIN EN 15421:2022-01 Packmittel – Aluminiumtuben – Bestimmung der Haftfestigkeit des Innen- und Außenschutzlackes

[66] DIN EN 16285:2022-01 Packmittel – Aluminiumtuben – Prüfverfahren zur Messung der Verformung des Mantels von Aluminiumtuben (Guillotine-Prüfung)

[67] DIN EN 12377:2015-01 Packmittel – Tuben – Prüfverfahren zur Bestimmung der Luftdichtheit der Verschlüsse

[68] DIN 55409-2:2013-10 Verpackung – Prüfverfahren zur Bestimmung von Öffnungskräften an peelbaren Verpackungen – Teil 2: Formstabile Packmittel

[69] DIN EN 29008:1994-06 Flaschen aus Glas: Achsabweichung; Prüfverfahren

[70] DIN EN 29885:1994-06 Behältnisse aus Glas mit weiter Öffnung; Planitätsabweichung der Behältnismündung; Prüfverfahren

[71] DIN EN ISO 8113:2004-05 Behältnisse aus Glas – Axialdruckfestigkeit – Prüfverfahren

[72] DIN 52295:2010-03 Prüfung von Glas – Pendelschlagversuch an Behältnissen – Attribut- und Variablenprüfung

[73] DIN EN ISO 7458:2004-05 Behältnisse aus Glas: Innendruckfestigkeit – Prüfverfahren

[74] DIN EN ISO 7459:2004-05 Behältnisse aus Glas: Beständigkeit gegenüber Abschrecken und Temperaturwechselbeständigkeit – Prüfverfahren

[75] DIN EN 14401:2004-09 Formstabile Kunststoffbehälter – Verfahren zur Prüfung von Verschlüssen auf Dichtheit

[76] DIN EN ISO 2247:2002-12 Verpackung, Versandfertige Packstücke und Ladeeinheiten – Schwingprüfung mit niedriger Festfrequenz

[77] DIN EN ISO 8318:2002-12 Verpackung – Versandfertige Packstücke und Ladeeinheiten: Schwingprüfung mit variabler sinusförmiger Frequenz

[78] DIN EN ISO 2244:2002-12 Verpackung, Versandfertige Packstücke und Ladeeinheiten: Horizontale Stoßprüfung

[79] Grundke, G. (Hrsg.): Lexikon der Warenschäden, 2. Aufl.; Hannover: Schlütersche GmbH & Co. KG, 1997

[80] DIN EN 12195-2:2021-01 – Ladungssicherung auf Straßenfahrzeugen – Sicherheit – Teil 1: Berechnung von Sicherungskräften

[81] DIN EN 12195-2:2001-02 – Ladungssicherungseinrichtungen auf Straßenfahrzeugen – Sicherheit – Teil 2: Zurrgurte aus Chemiefasern

[82] DIN EN 12195-4:2004-04 – Ladungssicherungseinrichtungen auf Straßenfahrzeugen – Sicherheit – Teil 4: Zurrdrahtseile